以网络为基础的科学活动环境研究系列

网络计算环境：应用开发与部署

张瑞生　李　廉　单志广　　著
杨　裔　王俊岭　董　震

U0345359

科学出版社

北京

内 容 简 介

本书系统讲述以网络为基础的科学活动环境中如何灵活快速部署应用的专业书籍。全书由引论、网格应用开发、网格应用部署三篇组成，共十一章，包括网格技术概论、Globus、SAGA、NBCR Opal、CGSP、CNGrid GOS 等流行网格系统的应用开发模式介绍，以及应用部署概述、ADIF——资源管理、ADIF——工作流管理、ADIF——通知与订阅机制、ADIF——日志管理等应用部署的框架与实现。章节之间相对独立，可供读者有选择地参考。

本书取材广泛，内容系统，介绍了多种主流网格平台及其应用开发技术，以及网格应用部署的框架和方法，可供网络计算及相关领域的科研技术人员参考，也可供相关专业研究生、本科生阅读。

图书在版编目 (CIP) 数据

网络计算环境：应用开发与部署/张瑞生等著. —北京：科学出版社，2014.10

（以网络为基础的科学活动环境研究系列）

ISBN 978-7-03-042156-2

Ⅰ．①网… Ⅱ．①张… Ⅲ．①网格—研究 Ⅳ．①TP393

中国版本图书馆 CIP 数据核字(2014)第 237658 号

责任编辑：任 静 / 责任校对：鲁 素
责任印制：徐晓晨 / 封面设计：迷底书装

科学出版社 出版

北京东黄城根北街 16 号
邮政编码：100717
http://www.sciencep.com

北京京华虎彩印刷有限公司 印刷

科学出版社发行 各地新华书店经销

*

2014 年 10 月第 一 版 开本：720×1 000 1/16
2014 年 10 月第一次印刷 印张：12 1/2
字数：226 000

定价：65.00 元

（如有印装质量问题，我社负责调换）

"以网络为基础的科学活动环境研究系列" 编委会

序

近年来，以网络为基础的科学活动环境已经引起了各国政府、学术界和工业界的高度重视，各国政府纷纷立项对网络计算环境进行研究和开发。我国在这一领域同样具有重大的应用需求，同时也具备了一定的研究基础。以网络为基础的科学活动环境研究将为高能物理、大气、天文、生物信息等许多重大应用领域提供科学活动的虚拟计算环境，必然将对我国社会和经济的发展、国防、科学研究，以及人们的生活和工作方式产生巨大的影响。

以网络为基础的科学活动环境是利用网络技术将地理上位置不同的计算设施、存储设备、仪器仪表等集成在一起，建立大规模计算和数据处理的通用基础支撑结构，实现互联网上计算资源、数据资源和服务资源的广泛共享、有效聚合和充分释放，从而建立一个能够实现区域或全球合作或协作的虚拟科研和实验环境，支持以大规模计算和数据处理为特征的科学活动，改变和提高目前科学研究工作的方式与效率。

目前，网络计算的发展基本上还处于初始阶段，发展动力主要来源于"需求牵引"，在基础理论和关键技术等方面的研究仍面临着一系列根本性挑战。以网络为基础的科学活动环境的主要特性包括：

（1）无序成长性。Internet 上的资源急剧膨胀，其相互关联关系不断发生变化，缺乏有效的组织与管理，呈现出无序成长的状态，使得人们已经很难有效地控制整个网络系统。

（2）局部自治性。Internet 上的局部自治系统各自为政，相互之间缺乏有效的交互、协作和协同能力，难以联合起来共同完成大型的应用任务，严重影响了全系统综合效用的发挥，也影响了局部系统的利用率。

（3）资源异构性。Internet 上的各种软件/硬件资源存在着多方面的差异，这种千差万别的状态影响了网络计算系统的可扩展性，加大了网络计算系统的使用难度，在一定程度上限制了网络计算的发展空间。

（4）海量信息共享复杂性。在很多科学研究活动中往往会得到 PB 数量级的海量数据。由于 Internet 上信息的存储缺少结构性，信息又有形态、时态的形式多样化的特点，这种分布的、半结构化的、多样化的信息造成了海量信息系统中信息广泛共享的复杂性。

鉴于人们对于网络计算的模型、方法和技术等问题的认识还比较肤浅，基于Internet 的网络计算环境的基础研究还十分缺乏，以网络为基础的科学活动环境还存在着许多重大的基础科学问题需要解决，主要包括：

(1) 无序成长性与动态有序性的统一。Internet 是一个无集中控制的不断无序成长的系统。这种成长性表现为 Internet 覆盖的地域不断扩大，大量分布的异构的资源不断更新与扩展，各局部自治系统之间的关联关系不断动态变化，使用 Internet 的人群越来越广泛，进入 Internet 的方式不断丰富。如何在一个不断无序成长的网络计算环境中，为完成用户任务确定所需的资源集合，进行动态有序的组织和管理，保证所需资源及其关联关系的相对稳定，建立相对稳定的计算系统视图，这是实现网络计算环境的重要前提。

(2) 自治条件下的协同性与安全保证。Internet 是由众多局部自治系统构成的大系统。这些局部自治系统能够在自身的局部视图下控制自己的行为，为各自的用户提供服务，但它们缺乏与其他系统协同工作的能力及安全保障机制，尤其是与跨领域系统的协同工作能力与安全保障。针对系统的局部自治性，如何建立多个系统资源之间的关联关系，保持系统资源之间共享关系定义的灵活性和资源共享的高度可控性，如何在多个层次上实现局部自治系统之间的协同工作与群组安全，这些都是实现网络计算环境的核心问题。

(3) 异构环境下的系统可用性和易用性。Internet 中的各种资源存在着形态、性能、功能，以及使用和服务方式等多个方面的差异，这种多层次的异构性和系统状态的不确定性造成了用户有效使用系统各种资源的巨大困难。在网络计算环境中，如何准确简便地使用程序设计语言等方式描述应用问题和资源需求，如何使软件系统能够适应异构动态变化的环境，保证网络计算系统的可用性、易用性和可靠性，使用户能够便捷有效地开发和使用系统聚合的效能，是实现网络计算环境的关键问题。

(4) 海量信息的结构化组织与管理。Internet 上的信息与数据资源是海量的，各个资源之间基本上都是孤立的，没有实现有效的融合。在网络计算环境下如何实现高效的数据传输，如何有效地分配和存储数据以满足上层应用对于数据存取的需求，以及有效的数据管理模式与机制，这些都是网络计算环境中数据处理所面临的核心问题。为此需要研究数据存储的结构和方法，研究由多个存储系统组成的网络存储系统的统一视图和统一访问，数据的缓冲存储技术等海量信息的组织与管理方法。

为此，国家自然科学基金委员会于 2003 年启动了"以网络为基础的科学活动环境研究"重大研究计划，着力开展网络计算环境的基础科学理论、体系结构与核心技术、综合试验平台三个层次中的基本科学问题和关键技术研究，同时重点建立高能物理、大气信息等网络计算环境实验应用系统，以网络计算环境中所涉及的新理论、新结构、新方法和新技术为突破口，力图在科学理论和实验技术方面实现源头创新，提高我国在网络计算环境领域的整体创新能力和国际竞争力。

在"以网络为基础的科学活动环境研究"重大研究计划执行过程中，学术指导专家组注重以网格标准规范研究作为重要抓手，整合重大研究计划的优势研究队伍，推动集成、深化和提升该重大研究计划已有成果，促进学术团队的互动融合、技术方法的标准固化、研究成果的集成升华。在学术指导专家组的研究和提议下，该重大研究计划于 2009 年专门设立和启动了"网格标准基础研究"专项集成性项目（No.90812001），基于重大研究计划的前期研究积累，整合了国内相关国家级网格项目平台的核心研制单位和优势研究团队，在学术指导专家组的指导下，重点开展了网格术语、网格标准的制定机制、网格标准的统一表示和形式化描述方法、网格系统结构、网格功能模块分解、模块内部运行机制和内外部接口定义等方面的基础研究，形成了《网格标准的基础研究与框架》专题研究报告，研究并编制完成了网格体系结构标准、网格资源描述标准、网格服务元信息管理规范、网格数据管理接口规范、网格互操作框架、网格计算系统管理框架、网格工作流规范、网格监控系统参考模型、网格安全技术标准、结构化数据整合、应用部署接口框架（ADIF）、网格服务调试结构及接口等十二项网格标准研究草案，其中两项已列入国家标准计划，四项提为国家标准建议，十项经重大研究计划指导专家组评审成为专家组推荐标准，形成了描述类、操作类、应用类、安全保密类和管理类五大类统一规范的网格标准体系草案，相关标准研究成果已在我国三大网格平台 CGSP、GOS、CROWN 中得到初步应用，成为我国首个整体性网格标准草案的基础研究和制定工作。

本套丛书源自"网格标准基础研究"专项集成性项目的相关研究成果，主要从网络计算环境的体系结构、数据管理、资源管理与互操作、应用开发与部署四个方面，系统展示了相关研究成果和工作进展。相信本套丛书的出版，将对于提升网络计算环境的基础研究水平、规范网格系统的实现和应用、增强我国在网络计算环境基础研究和标准规范制订方面的国际影响力具有重要的意义。

是以为序。

北京大学教授
国家自然科学基金委员会"以网络为基础的科学活动环境研究"
重大研究计划学术指导专家组组长
2014 年 10 月

前　　言

撰写初衷与定位

从近十年的发展来看，网格技术似乎走到了尽头。目前，大街小巷都在宣传云计算，如云查杀病毒、云搜索、云存储等；而网格技术的宣传却哑然无声，甚至相应的项目资金支持也逐渐淡出。究其原因，并不是网格技术失去了先进性，而是从网格提出之时，各大网格项目就各自为政，以至于各大网格平台之间缺乏必要的资源以及应用的互操作。事实上，这并不是因为网格技术不够先进，而是因为各大网格项目组缺乏必要的交流与合作。为了统一目前的网格资源，并赋予网格以新的生命力，我们根据自身对网格技术的研究，设计了《网格应用部署接口框架》规范，并以此为基础完成了本书的主体部分。

为了方便读者了解与深入研究网格技术，本书首先介绍网格应用开发的相关技术以及目前比较成熟的一些网格系统；然后综合比较这些网格系统的优劣，并在此基础上给出将网格应用部署到网格平台之上的方法，进而提出网格应用部署接口框架。在该接口框架的帮助下，用户可以通过 XML 文档定制满足自己需求的个性化网格应用。此外，用户还可以通过相应的标准接口向网格平台共享自己的资源。希望本书可以帮助网格应用开发者方便地开发各种网格应用，同时也使网格系统的维护更便捷。

为了使更多的读者对网格技术有所了解，我们也致力于将网格应用部署接口框架推向国际标准化。目前我们项目组正在积极整理、完善英文版的网格应用部署接口框架，并已向欧洲网格组织 OGF（Open Grid Forum）提交了相关的申请。相信在不久的将来，网格服务将像电力服务一样走进千家万户。

关于本书

本书包含三篇，共十一章。这三篇是循序渐进、承上启下的关系，每一篇又根据行文需求分为若干章节。章节之间没有必然的先后关系，可以说是相对松散的安排。

第一篇为引论，该篇只有一章。它以一个外星人让地球人找炸弹的笑话为例，引出网格的必要性，并以此展开了网格技术的研究现状、发展前景以及当前主流的网格组织等内容的讨论。

第二篇为网格应用开发技术的简介。这一篇共分为五个章节，分别介绍了当今主流的几大网格应用，如 Globus、SAGA、NBCR Opal、CGSP 以及 CNGrid GOS。

至于其他的网格应用，本书不作赘述，有兴趣的读者可以自行查阅。该篇从第 2 章开始，到第 6 章结束，具体内容如下。

第 2 章介绍目前较为成熟的网格环境：Globus。该网格环境由 Globus 项目组设计与开发，目前开发有 Globus 工具包，该工具包涵盖安全架构、信息架构、资源管理、数据管理、通信、错误检测、可移植性等方面的系列软件与接口。利用该工具包，网格开发者可以比较方便地搭建满足特定需求的网格系统。可以说，Globus 工具包是目前功能比较强大的网格环境。而且很多网格平台都是基于 Globus 工具包来搭建的，如 CGSP。

第 3 章介绍 SAGA 的设计思路与 API 的简单说明。与 Globus 不同，SAGA 致力于简化、封装网格环境的接口，这与前面讲到的设计网格应用部署接口框架的思路很像，只是它没有考虑到将应用部署到网格平台之上。从某种层面来说，SAGA 只能算是"权宜之计"，而网格应用部署接口框架才是"治疗根本"。

第 4 章介绍 NBCR Opal 的项目状况与相关的使用情况。与 Globus、SAGA 不同，NBCR Opal 致力于将科学应用包装成 Web 服务的形式，而后通过调用通用 Web 服务接口来调用科学应用。为了实现这一目标，NBCR 项目开发了 Opal Toolkit。该工具包允许用户在几个小时内将一个科学应用包装成一个 Web 服务，这在一定程度上方便了用户对网格资源的使用。

第 5 章介绍 ChinaGrid 公共支撑平台 CGSP。该项目致力于消除信息孤岛，提供高效的计算服务、数据服务和信息服务，打造我国自主研发的科研教育网格平台。基于 Globus 工具包，该项目搭建了支持服务热部署和部署事务处理的 CGSP 网格平台。该网格平台的主要结构包括服务容器、信息中心、域管理、执行模块管理、数据管理系统、异构数据库、网格门户、网格并行接口、安全管理这相辅相成的九个部分。

第 6 章介绍中国国家网格的操作平台 GOS 系统。中国国家网格由国家 863 计划重大专项支持，是聚合了高性能计算和事务处理能力的新一代信息基础设施的试验床。通过资源共享、协同工作和服务机制，有效支持科学研究、资源环境、先进制造和信息服务等应用，以技术创新推动国家信息化建设及相关产业的发展。目前中国国家网格装备了自主研制的面向网格的高性能计算机（北方主节点：联想深腾 6800，现已升级为联想深腾 7000。南方主节点：曙光 4000A，现已升级为曙光 5000A），与包括香港在内的 11 个节点联合构成了开放的网格环境，通过自主开发的网格软件，支撑网格环境的运行和应用网格的开发建设。本章主要介绍中国国家网格项目的重大系列产品，如 CNGrid GOS 系统软件、CA 证书管理系统及测试环境、高性能计算网管、数据网格、网格工作流、中国国家网格监控系统等部分。

第三篇为网格应用部署接口框架。这一篇是本书的重点篇章，共分为五章。在这一篇中首先阐述了目前网格技术面临的困境，针对现有网格系统的不足，提出网格应用部署接口框架的必要性；然后结合 Web 服务的特征详细描述了将网格应用

"部署"到网格平台之上的核心思想。最后以此思想为线索,将网格应用部署接口框架具体分划为资源管理、工作流管理、通知与订阅机制,以及日志管理这四个不可分割的部分。

第7章简单介绍网格应用部署接口框架的项目状况以及相关的符号约定。这一章中指出目前网格应用的三大困境。其一,网格应用难于被领域专家使用;其二,网格应用难于移植到不同的网格平台上;其三,不同网格平台之间的互操作难以实现。然后详细阐述了解决这三大困境的法宝就是将网格应用部署到网格平台之上。以这一"部署"思想为核心,提出了网格应用部署接口框架,该框架由资源管理、工作流管理、通知与订阅机制以及日志管理四部分构成。

第8章介绍资源管理的相关操作与文档示例。这一章给出了资源管理的五种操作以及相应的 XML 语法示例。这五种操作分别是:查询、部署、反部署、评价与取代。以这五种操作为基础,网格用户可以按照自身的需求来管理被网格系统准许的资源。值得一提的是,资源的部署与取代是本章的亮点。前者允许用户只需填写需求文档就可以获取所需的资源;后者要求系统自动为用户替换在执行任务过程中突然不可用的资源。这两点新特性为网格用户带来了更好的用户体验。

第9章介绍工作流管理的相关操作与文档示例。为了支持复杂的研究实验,工作流管理在网格环境中起着不可或缺的重要作用。然而不同的网格环境往往提供不同的工作流业务流程语言,这或多或少给网格用户带来这样那样的问题。为了统一不同网格环境工作流管理的操作接口,设计出应用部署接口框架中的工作流管理接口框架。该框架给出工作流管理操作的过程控制结构、工作流设计器、工作流需求文档的相关定义,并以常见的五种过程控制为基础,设计出相应的工作流设计器。网格用户可以通过拖拽的方式设计满足自己需求的工作流模型。

第10章介绍通知与订阅机制的相关操作与文档示例。任何一个网格系统都拥有通知模块,这在一定程度上方便了用户了解网格系统当前的状态。然而,对于大多数网格用户来说,他们并不关心底层网格系统的某些状态,他们只关心与自身需求相关的通知。为了得到更好的用户体验,本章给出的通知机制只负责通知与用户需求相关的网格系统或资源状态。此外,为了使得网格用户更好地了解网格系统中资源的状态,本章还给出了相应的订阅机制。在订阅机制的帮助下,网格用户可以根据自身的需求定制自己感兴趣的资源。也就是说,当用户定制的资源发生变化时,网格系统会第一时间将这一变化以系统通知的形式发送给订阅了该资源的所有用户。由此可以看出,通知与订阅机制是相得益彰的两种策略:通知是订阅的结果,而订阅使通知更加灵活。

第11章介绍日志管理的相关操作与文档示例。日志管理通常记录系统状态的变化或用户的操作过程,它是系统不可或缺的一个重要组成部分。网格应用部署接口框架也不例外。唯一不同的是,网格应用部署接口框架中的日志管理只负责记录与用户需求密切相关的系统或资源状态的变化,以及用户操作的过程。至于其他的与用户无关的信息，网格应用部署接口框架并不负责为用户记录。这就在一定程度上方便了用户查找自己所关心的日志信息。日志管理的具体操作涵盖：提交元作业日志管理、销毁用户资源日志管理、包装应用日志管理、访问网格平台日志管理、提交工作流作业日志管理，以及作业执行结果日志管理等重要组成部分。

读者基础

网格的本质就是一个分布式系统，这个系统是由众多的节点构成的。另外，本书不是介绍网格的基本构成的书籍，而是介绍网格发展动向的书籍。因而，读者需要对计算机学科的一些基础课程有一定的了解，如并行计算、分布式系统、计算机体系结构等。

此外，为了流畅地阅读本书，读者最好具有一定的计算机基础，并熟悉计算机的相关操作，懂得一定的面向对象的编程语言，如 Java、C++。另外，由于本书的文档示例大都是利用 XML 文档来呈现，因而读者需要对 XML 语言与 XML Schema 有一定的了解。

当然，对于计算机专业的读者来说，上述基础知识都是必修的，因而他们阅读本书将不会有理解障碍。对于其他相关学科的读者来说，某些知识可能会有所欠缺，可以根据自身的情况，适当地查阅相关的资料加以辅助阅读。

如何阅读本书

虽然本书的三篇内容是相辅相成的关系，但是不同篇中的章节又是相对独立的。因而对于网格技术的开发者，可以忽略前两篇，直接从第三篇读起。而对于一般的读者，建议逐章阅读。此外本书的第 2～6 章是独立成章的，读者可以有选择地分开来读。

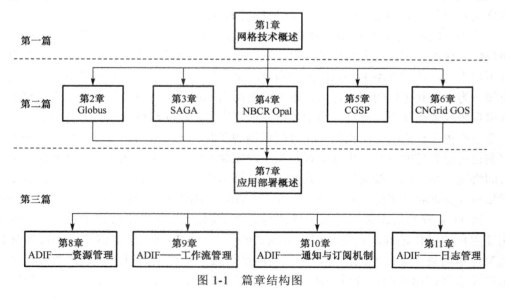

图 1-1　篇章结构图

致谢

　　本书作者们的研究工作得到了国家自然科学基金项目"网格标准基础研究"（No.90812001）的资助，并得到了国家自然科学基金委员会"以网络为基础的科学活动环境研究"重大研究计划学术指导专家组的悉心指导，在此表示深深的谢意！

　　由于作者水平所限，书中疏漏和不足之处恳请专家、读者指正。

作　者
2014 年 8 月

目　　录

第三篇　网格应用部署

第一篇 引 论

第 1 章

网格技术概述

在当今信息爆炸的时代，面对大规模、超大规模的计算需求，传统的计算模式爱莫能助，特别是在面对实时性要求较高的现实问题时，传统的计算模式更是捉襟见肘。有这样一个笑话可以很好地描述如此尴尬的处境：一个城府极深的外星人在地球的某处埋下一枚足以摧毁整个地球的定时炸弹，时限是 20 分钟。如果我们不能在 20 分钟内找到这枚炸弹并成功将它排除，那么我们的余生就只剩下短短的 20 分钟时间。在这有限的时间内，你可以欢呼，你可以雀跃，你可以伤心，你可以落泪，你可以祈祷，你可以诅咒，总而言之，我们的生命只剩 20 分钟。

在如此急迫的情形下，普通人的力量是渺小的，只有依靠社会精英或者群体智慧，局面才能得以控制。因而一种新的代表社会精英抑或群体智慧的计算模式成为我们的首选——高性能计算。高性能计算可以实现计算能力质的突破。通常来说，计算能力可以从两个方面实现突破：①提高单个节点的计算能力；②多个节点之间的并行计算。对于提高单个节点的计算能力来说，目前的芯片设计工艺水平不足以实现单个计算节点处理能力质的飞跃。因而，我们不得不转向并行计算。此时摆在面前的道路有两条：其一是单个节点内部的并行；其二为多个节点之间的并行。多核技术很好地诠释了单个节点内部的并行。但是受到数据交换与通信延迟的限制，单个节点中并不能一味地集成内核。因此，多个节点之间的并行颇受青睐。

多个节点通过适当的网络连接，同时参与某项任务的处理，这是当今比较流行的并行计算模式。这些彼此相连的节点，称之为一个集群。不同的组织与机构可以按照特定的需求组建适合自身利益的集群。然而考虑到节点所占的空间与耗费的电力等种种因素，集群的规模往往受到种种限制。另外，考虑到集群中各个节点之间的通信带宽与延迟，整个集群的处理能力并不等于所有节点处理能力的总和，而是随着规模的扩大呈现滞涨态势。以至于当节点规模增大到一定程度后，集群的整体处理能力的增长速度将十分缓慢。也就是说，虽然集群能够有效地满足计算需求的增长，但是当计算需求增长过快时，集群依然会处于一种无可奈何的境地。

通过上述分析，我们容易知道，制约集群处理能力的重要因素就是各个节点之间的通信带宽与延迟。为了摆脱集群的这种限制，分布式的概念应运而生。它允许分布在不同地域的众多节点通过互联网的连接来共同完成某项任务。一般来说，在分布式框架下，任意节点都可以通过互联网按照某种协议参与某项任务的计算。与并行计算不同，这种模式下的节点不需要频繁的交流与通信。这使得分布式计算比较适合处理关系松散的数据或者任务，而并行计算比较适合处理关系复杂、纵横交错的数据与任务。

结合前面的笑话，我们知道分布式计算比较适合用来寻找炸弹的位置。在这种模式下，每个参与进来的节点可以针对自己所在的地区进行搜寻，找到炸弹后即可排除。如果确信自己所在的区域不含炸弹，那么通知其他节点该区域为安全区，以避免重复搜寻。

分布式计算的特征可以总结为协同计算、数据共享、动态扩展。结合这三个基本特征，我们可以组建一个囊括全世界的计算节点的超级计算机。在这台特殊计算机的帮助下，我们可以轻松地找到并排除外星人安置的那枚定时炸弹。

根据有关统计，网络系统的平均利用率只有30%左右。如何更好地利用网络资源已经成为人们日益关注的话题。虽然从理论上来讲，任何个人计算资源都可以参与到分布式系统中而成为其中的一个节点，但是各个分布式系统都有自身的加入方式。通常来说，个人计算资源是无法主动加入到分布式系统中的，只有通过分布式系统的主动邀请，个人计算资源才能成为其中的一个计算节点。事实上，导致这种局面的首要因素就是分布式系统缺乏统一的扩展协议。通过不懈的努力，科学家受电力网格的启发，终于找到了解决这一问题的有效方法——利用网格计算，把网络上的计算节点组织起来，形成一个巨大的全球计算环境。

电力网格[1]用高压线把分散在各地的各式各样的发电站连接起来，向用户提供源源不断的电力。用户只需插上插头、打开开关就能用电，而无需关心电能是从哪个电站送来的，也不需要知道是水力电、火力电或是核能电。建设网格的目的也一样，最终是希望能够把分布在因特网上的众多计算机、存储器、贵重设备、数据库等资源结合起来，彻底消除资源"孤岛"，形成一个虚拟的、强大的超级计算机，以满足日益增长的计算、存储需求，并使信息世界成为一个有机的整体，达到最大限度的信息共享。因而网格必须满足三大条件：

(1)在非集中控制的环境中协同使用计算资源；

(2)使用标准的、开放的和通用的协议和接口；

(3)提供非平凡的服务。

网格是把地理位置上分散的资源通过通信手段连接起来的一种基础设施。在网格系统中，用户不需要了解资源的具体信息就可以自由地使用所需的资源。分布式资源与通信网络是网格的物理基础。网格上的资源可以包括计算机、集群、数据库、仪器、设备、传感器、存储设备、数据与软件等实体资源，亦可以包括策略、算法、计算周期等逻辑资源。

　　为了得到较好的用户体验，网格将囊括其中的所有资源通过网络无缝地连接起来，形成一个有机的整体。对于用户来说，网格系统就是一个超级计算机。用户可以像在本地一样地使用任何自己能够使用的资源，而无需考虑该资源所处的地理位置。就像《网格：一种未来计算基础设施蓝图》[2]一书中描述的一样，网格是构筑在互联网上的一组新兴技术，它将高速互联网、计算机、大型数据库、传感器、远程设备等融为一体，为科技人员和普通老百姓提供更多的资源、功能和服务。

　　同其他系统一样，网格中的所有资源对外提供统一的访问接口，资源请求者只需按照统一的格式发出所需资源的请求消息，就可以使用被网格获准使用的资源。用户在使用网格资源时，无需知道所使用的资源在网格中的地理位置、访问格式、存储形式等具体信息。

　　网格中的资源应当是可靠的，这不仅要求资源本身所产生的内容是正确的，还要求资源具有从错误状态中自动恢复过来的自愈性，甚至自动寻找相同资源替换运行出错资源的能力。例如用户 U 打算通过网格查询兰州市今天的天气状况。正常情况下，在接收到用户 U 发出的请求 R 后，网格将指定某个合适的服务 S 来处理该请求，而后返回兰州市的天气状况给用户 U。如果服务 S 在处理 R 时遇到异常，也就是说服务 S 在运行的过程中出现故障而无法给出请求 R 的正确结果，那么此时用户 U 将收到请求处理失败的消息或雷雨、大雪、晴天等一起出现的怪异天气状况。显然这个结果不能令用户 U 满意。因而网格具有自动寻找可用的同等资源来替代异常服务的能力是十分必要的。

　　为了实现资源的广泛共享以及给用户更好的体验，网格应当具备如下基本特点：

　　(1)虚拟性。网格中的资源和用户都要经过抽象，把实际的用户和资源虚拟化为网格用户和网格资源。这样所有的网格用户才能使用统一的接口与界面来访问各种各样的资源。

　　(2)共享性。网格是一个资源共享的场所，其中的任何资源都应当能够共享使用。这就要求网格中的任何一个资源都应当能够被多个用户同时使用，任何一个用户都应当能够同时使用多个资源。

　　(3)集成性。网格将分散在世界各地的资源聚集成一个有机的整体，并协调分散在世界各地的资源使用者。网格用户不仅能够使用单个资源的某个功能，还可以使用多个资源的某些功能的合成功能。

　　(4)协商性。网格支持资源的协商使用，资源的请求者和资源的提供者可以通过协商得到不同质量的服务，以满足不同的实际需求。

　　(5)自愈性。网格支持资源的自愈性。资源请求者所请求的某个资源运行出现异常时，网格自动寻找合适的同等资源替换该资源，以最大程度上挽回用户的损失。事实上，在很多情况下，用户并不会察觉到这种替换。

　　网格是一个开放的、标准的系统。只要遵守网格规定的标准，任何设备都可以加入进来。网格系统也是一个简单灵活的系统。任何用户都不需要专门的学习与培训，也不需要了解技术的具体细节，就可以熟练地运用网格系统。

按照学科来分，网格系统可以分为如下几类。

(1) 化学网格[3]。主要指集成了化学计算资源的网格系统。化学网格的用户主要是化学家。这些用户可以通过化学网格寻找满足自身需求的化学资源，而后按照一定的顺序，编排成适合特定需求的合成服务。

(2) 生物网格。我国比较成熟的生物网格是中国科学院研发的生物科学数据网格[4]。它主要是在微生物与病毒主题数据库建设的基础之上，针对于微生物与病毒基因组学发展的趋势，利用网格技术在数据整合和计算整合方面的优势，建立的基于微生物与病毒基因组研究所需的数据资源与应用资源的网格应用。主要功能包含微生物与病毒的信息资源整合，微生物与病毒基因组数据的浏览和可视化，常规生物信息学分析方法的整合与应用等。

(3) 医学网格。主要指集成了医学计算资源的网格系统。目前比较成熟的网格系统有：医学图像网格、医学数据网格、医学可视化网格以及生物医学网格。这些网格系统大都侧重于医学领域的一个方面，可以称之为领域网格。

(4) 地球网格。主要指集成了地球结构及气候变化等资源的网格系统。目前比较成熟的有国际组织"地球系统网格联盟"(Earth System Grid)[5]以及英国国家地震工程仿真网格[6](UK Network for Earthquake Engineering Simulation Grid)。前者主要侧重于对地球气候变化的研究，并提出了全球气候模型与区域气候模型，以及相应的虚拟化软件。后者主要为研究者提供一个地震工程方面的实验环境，以方便相关研究的交流与合作。此外，北京网格地球科技有限公司[7]提供的一系列地球网格软件也可以提供地质方面的信息。这些软件有 GEOffice 地质办公软件、GEWorks 精细油藏描述工作平台、GEMapTool 地质绘图工具、GESeisTool 地震解释与显示工具、GELogTool 测井解释与显示工具、GEModelTool 地质建模与可视化工具、GeoFacies 沉积相及储层综合研究软件，以及 CGMEditor 图形编辑器软件。通过这些软件，使用者可以比较全面地了解到自己所需的地质信息。

(5) 虚拟天文台。望远镜技术的进步使得人类可以建造大型的空间天文台，为伽马射线、X 射线、光学和红外天文的发展开辟了新的前景，同时也推动了新一代的大口径地面光学望远镜和射电望远镜的建造。而高速互联网技术使得异地天文数据的交换和处理成为可能，这为广大天文爱好者带来了福音。美国国家科学院借此提出建立国家虚拟天文台的项目，而后世界各国迅速响应，纷纷提出搭建各自虚拟天文台的计划。当前国际上已经得到资金支持的主要有美国国家虚拟天文台[8](NVO)、欧盟天体物理虚拟天文台[9](AVO)、英国天文网格[10](AstroGrid)。这些天文台产生的观测数据通常都是由网格来处理的，因为通常的计算节点与集群无法处理如此大规模的数据。

按照类型来分，网格系统可以分为如下几类。

（1）计算网格。主要指侧重于处理拥有大量计算任务的网格。通常来说，计算与数据是无法严格分离的，有计算必然就有数据，这就牵连到数据的存储。也就是说，严格意义上的计算网格是不存在的。能够称之为计算网格的系统指的是以计算的管理、处理为主，存储的管理、处理为辅的网格系统。

（2）数据网格。主要指侧重于处理大规模数据读取的网格。通常来说，为了提高数据网格的性能，少量的计算是必需的，因而单纯意义上的数据网格也是不存在的。为了强调这一类网格的特性，我们把强调数据存储、管理、传输、处理等的网格称为数据网格。

（3）存储网格。与数据网格不同，存储网格是强调数据存储的网格，也就是说，存储网格的功能十分单一，它只管存储，与存储无关的事情一概不管，而不像数据网格那样还要考虑到数据的处理与优化。

（4）访问网格。与前几类网格不同，它是强调人与人之间交互资源的网格。它的重点是交互，这是一个动态性的过程。数据的存储与管理不是它的重点，它负责的只是建立人与人之间的资源交互。

（5）信息网格。与数据网格不同，信息网格强调的是信息存储、管理、传输、处理等。要区分信息网格与数据网格，必须弄明白信息与数据的不同。数据指的是对客观事物的逻辑归纳，而信息指的是所观察事物的知识。可以说，数据是静态的，是恒久的；而信息是动态的，是有时效性的。数据一旦赋予了时效性，那么它就成为了信息，就具有一定的价值。因而，信息网格拥有更多的观察结果，而数据网格更侧重于对事实的陈述。

（6）服务网格。强调应用服务集成的网格称为服务网格。服务网格之中的服务称为网格服务，它定义了一组接口，这些接口的定义明确并遵守特定的惯例，用于解决服务器发现、动态服务创建、服务生命周期管理、通知等与服务生命周期有关的问题。

（7）语义网格。语义网格[11]使用元数据来描述网格中的信息，将信息转化为一些更有意义的东西，而不只是一个数据集合。这意味着要正确地理解数据的内容、格式和重要性。语义 Web 正好遵循这种模型，即提供其他一些元数据来帮助描述在 Web 页面上显示的信息，这样浏览器、应用程序和用户就能够更好地决定如何处理数据。因而，语义网格也可以看成是将语义 Web 应用于网格环境的网格系统。也就是说，语义网格是对当前网格的一种扩展。这种扩展对信息和服务进行了很好的定义，强调语义解析、实现语义的互操作，可以更好地让计算机与人们进行协同工作。

（8）知识网格。知识网格[12]由 Fran Berman 提出，它是一个智能互联网环境，能够使其中的用户或虚拟角色有效地获取、发布、共享和管理知识资源，并为用户和其他服务提供所需要的知识服务，辅助实现知识创新、协同工作。可以看出，知识网格是强调知识存储、管理、传输、处理等的网格，它有以下五个不同于其他技术的特征。

① 人们能够通过单一语义入口获取和管理全球分布的知识，而无需知道知识的具体位置。

② 全球分布的相关知识可以智能地聚合，并通过后台推理与解释机制提供按需的知识服务。达到这个目标的方法之一是由知识提供者提供元知识。统一的资源管理模型将有助于实现知识服务的动态聚合。

③ 人或虚拟角色能在一个单一语义空间映射、重构和抽象的基础上共享知识及享用推理服务，在其中相互理解而没有任何障碍。知识网格还会使知识共享更加普及。

④ 知识网格应能在全球范围搜索解决问题所需的知识，并确定合适的知识闭包（即最小完备知识集）。为了达到这个目标，我们需要建立新的知识组织模型。

⑤ 在知识网格环境中，知识不是静态存储的；它能动态演化而保持常新。这意味着知识网格中的知识服务在使用过程中可以不断自动演化改进。

为了更好地诠释网格的先进思想，世界各国以及各类组织机构针对自身的需求搭建了不同类别的网格系统。利用这些网格系统，终端用户可以提交并执行各式各样的作业与任务。世界上的网络资源汇聚到了一起，专家、学者、普通人员可以通过网格系统随心所欲地使用这些被授权的资源，而无需知道这些资源的具体位置。然而，这种"随心所欲地使用资源"仅限于同一个网格系统之中。也就是说，任何网格系统的用户都不能使用其他网格系统提供的资源。从某种意义上来说，网格的目标并未实现。

通过进一步的分析，不难发现阻碍不同网格系统之间资源互操作的主要原因是不同的网格系统提供给用户的操作接口不同。为了从本质上消除这种障碍，为各个网格系统之间的资源提供互联互通的保障，开发统一的网格应用接口框架势在必行。也就是说为各个网格系统提供统一的访问、操作接口。在这个统一的接口约束下，不同的网格系统之间的资源可以共享，以实现网格系统的宏伟目标。

这种为不同网格系统设计开发统一接口的思想，构成了网格应用部署接口框架的关键内容。为了进一步阐述该思想的本质特征及其优越性，网格应用部署接口框架提出了"部署"的概念，并详细描述了将网格应用"部署"到网格系统之上的具体内容。至此，在网格应用部署接口框架的帮助下，各个网格系统之间的互操作简单易行，分散在世界各地的资源可以得到空前的统一。可以说，网格应用部署接口框架是网格技术发展的新方向，也是网格技术发展的必然趋势。

在网格应用部署接口框架基础之上建立的网格系统中，用户可以随心所欲地使用被网格授权的资源，而不必考虑该资源在网格系统中的具体位置、数据格式，以及访问方法。同时，用户也可以按照网格应用部署接口框架的约束条件，随心所欲地共享自己指定的资源。当然，在任意时刻，用户也可以从网格系统中撤销自己所共享的资源。这是网格应用部署接口框架给网格的未来谱写的宏伟蓝图，事实上，这也正是提出网格的初衷。因为只有这样，分散在世界各地的资源才能真正意义上得以充分的利用；也只有这样，网格中的资源才能像电力网格一样达到即插即用的效果。

　　网格的未来是美好的，网格的未来需要相关的规范来谱写。古语云：无规矩不成方圆。网格应用部署接口框架正好就是关于网格的"规矩"，而"方圆"就是网格美好的未来。你若有志于网格应用部署接口框架相关的事业，那么就赶快加入我们的行列吧，相信你会有所收获的。

第二篇 网格应用开发

随着计算机科学的迅猛发展，如何充分利用计算机资源逐渐成为计算机科学领域内众多学者关注的话题之一。虽然并行计算能在一定程度上提高计算机资源的利用率，但是频繁的数据交换与通信使得该模式并不能大范围地应用。也就是说，并行计算只适用于小规模的局域网系统。为了充分利用更多的资源，有学者提出了分布式系统。

在分布式系统架构下，节点之间不需要频繁的数据交换与通信，因而更多的资源可以加入进来。然而，各个分布式系统之间资源的调用模式往往不同，这使得不同分布式系统之间的资源依然无法交互使用。

为了打破这种限制，使得全球范围内的计算机资源得以统一的充分利用，研究者受电力网格的启发，提出了网格的计算模型，希冀计算机资源在网格中能够像电力在电力网格中一样达到即插即用的效果。这是提出网格思想的初衷，而为了实现这一目标，研究者将其具体化为数据共享、协同计算、高效扩展。

网格的计算模式一经提出，就备受科学界与工业界的青睐。通过众多组织、学者的不断努力，网格逐渐成为 20 世纪末、21 世纪初最先进的计算模式。为了将这一先进模式应用于实际，不同的组织与学者提出了不同的网格系统。这些网格系统各有所长，接口也各不相同，呈现百家争鸣之现状。

本篇将分章介绍当今较为主流的网格平台，以期为读者提供一个了解网格现行技术的平台。

第 2 章

Globus

Globus[13]是一种用于构建计算网格的开放标准、开放体系结构的项目。该项目经过十几年的研发，Globus Toolkit[14]目前已经更新到 5.2.5 版本。该开放源码的 Globus Toolkit 属于一种网格的基本支持技术，让人们可以安全地在线共享数据、计算和其他的工具，这种共享跨越地域、制度和团体，但并不丧失本身的主动权。工具包中包含了软件服务和用于资源管理、查找和监控的资料库，以及附加的安全方面和文件方面的管理。Globus Toolkit 是国际上科学和工程学项目的一个核心部分，合计约有达 5 亿美元的资金支持，也是领导 IT 公司建立其重要商业网格产品的基础。

Globus 具有较为统一的国际标准，这样既方便整合现有资源，也方便维护和实现升级换代。现在，包括 IBM 和微软等一些重要的公司纷纷公开宣布支持 Globus Toolkit 机制。目前，大多数的网格项目建设都采用基于 Globus Toolkit 所提供的协议和服务。Globus 对数据管理、安全、信息服务和资源管理等网格计算中的关键理论进行研究，并提供了基本的接口和机制。该项目早已开发出了能在各种平台上运行的支持网格计算和网格应用的一套服务，网格计算工具软件和软件库等。目前，Globus Toolkit 机制已经被广泛应用于全球数百个站点和几十个主要的网格计算项目中，包括美国国家技术网格(National Technology Grid)、欧洲数据网格[15](EU DataGrid)和 NASA 网格[16](NASA Information Power Grid)等。

Globus 就目前的发展势头正可谓和 Linux 有异曲同工之妙。作为免费的操作系统，Linux 的发展势如破竹。从世界范围来看，开放源代码软件(OSS)是软件业发展的大趋势，Linux 更是 OSS 的重要角色，不仅博得 Sun、惠普和 IBM 等 IT 国际巨头们的重视，同时也深得各国政府的支持。

Globus 与之 Linux 最大的相似之处在于，它们同属于开放源代码软件，推广和使用开源软件已成为众多企业、专家、政府官员以及用户的共识。目前，Globus 和 Linux 都把注意力放在对标准的制定，通过采用统一的标准，使得各个企业公司能在同一方向上发展，加快其产品普及的速度。正因如此，我们可以形象地将 Globus 比作网格世界的 Linux。

随着体系结构的变化，Globus 也经历了几次飞跃，它的内容日趋完善和成熟。

2.1　Globus 项目

1996 年，Globus 项目最初在芝加哥大学、美国科学信息研究所和美国阿贡国家实验室开展。目前，Globus 联盟已经发展了包括瑞典皇家理工学院、Univa 公司、美国国家超级计算机应用中心和爱丁堡大学等在内的多家参与机构。项目参与者进行与网格有关的基础研究和开发工作。赞助商包括 NASA[17]、DARPA[18]（Defense Advanced Research Projects Agency）、NSF[19]（National Science Foundation）和 DOE[20]（Department of Environment）等美国政府部门和科研机构，还有 Microsoft[21] 和 IBM[22]等商业合作机构。

2.2　Globus 的研究

Globus 项目主要针对以下几个方面的内容进行了研究：

(1) 资源管理。主要的工作集中在计算资源和通信资源的命名和定位工作。

(2) 数据管理。主要涉及在分布式环境下如何有效管理数据，特别是数据密集型的高性能计算问题，同时数据管理的研究提出了数据网格（Data Grid）。

(3) 应用开发环境。主要研究如何为网格开发应用，包括信息资源、计算资源，为显示和精密仪器提供易用的编程语言和开发环境，如 Python[23]、Java、Perl[24]以及 CORBA[25]（Common Object Request Broker Architecture）等。

(4) 信息服务。主要研究如何提供准确且实时的信息来配置网络、计算机以及算法、协议等资源，实现分布式计算环境的高性能运行。

(5) 安全。主要研究如何使用多种安全策略，在多个管理域中且主体动态变化的情况下为网格提供统一的安全方案。

2.3　Globus Toolkit

Globus Toolkit 是由 GGF[26]（全球网格论坛）下属的 Globus 项目组成员联合开发，已被公认是当前搭建网格系统和开发网格软件事实的参考标准。它由来自世界各地的关注网格技术的研究人员共同开发，是一个开放源码的网格基础平台，基于开放结构、软件库和开放服务资源。它支持网格和网格应用，目的在构建网格应用时提供中间件和程序库服务。用户利用这套工具，可以建立计算网格，并且进行相应网格应用的开发。

Globus Toolkit 具有相对比较统一的国际标准，有利于现有资源的整合，也易于系统的维护和升级换代工作。现在大多数网格项目都采用基于 Globus Toolkit 包所提供的服务及协议建设。

2.3.1　安全架构 GSI

通过 GSI[27]（Grid Security Infrastructure），Globus Toolkit 在开放的网络环境中实现安全认证与通信。GSI 为网格提供了大量的使用服务，这些服务包括用户的单点登录与相互认证。

GSI 的首要目标如下：

（1）计算网格的通信安全问题（信息私有和安全认证）。

（2）在多个管理域中的分布式安全系统。

（3）用户的单点登录操作。

在使用安全传输层[28]（Security Socket Layer，SSL）协议、X.509[29]认证以及公钥加密的基础上，GSI 结合通用安全服务接口[30]（Generic Security Service API，GSS-API），实现双重认证和用户的单一登录。基于通用安全服务接口使 Globus Toolkit 中的 GSI 得以实现，该接口是由因特网工程任务组（Internet Engineering Task Force，IETF[31]）推荐的标准接口。

2.3.2　信息架构

在 LDAP[32]（Lightweight Directory Access Protocol）的基础上，MDS（Metacomputing Directory Service）提供了对网格资源信息的统一命名。GRIS[33]（Grid Resource Information Service）提供了对网格中各种资源的性能、配置、状况的查询。GIIS[34]（Grid Index Information Service）为网格提供检索各种信息资源的功能。

2.3.3　资源管理 GRAM

Globus Toolkit 包含一个服务组件集，被称为 GRAM[35]（Globus Resource Allocation Manager），为远程系统资源的请求与使用提供单一的标准接口，通过上述接口简化了 GRAM 的远程系统使用。远程作业的提交与控制是 GRAM 最常见的应用，常常用来支持分布式计算应用。

对大多基于网格的项目来讲，GRAM 可被看做远程作业提交与资源管理项目范围内的一个标准。

GRAM 旨在通过易用的、统一的接口方式，提供本地作业调度系统请求与使用远程系统资源的单一的、共同的协议与接口。此外，基于 GSI 身份 GRAM 还提供简单的认证机制，以及映射 GSI 身份到本地用户账户的机制。

GRAM 减少了对远程资源（如远程计算机系统）使用请求机制的数量。本地系统

应用
（如元调度器，代理）

GRAM →

访问机制与本地管理机制

图 2-1　GRAM 沙漏模型

能够使用各式各样管理机制（如排队系统、控制接口、预定系统，以及调度器），但是应用开发者、用户需要学习如何只用一个 GRAM 来请求与使用这些资源。这与大多数 Globus Toolkit 组件所起到的"沙漏"角色性质一致。正如图 2-1 所示，沙漏的瓶颈就是 GRAM；在 GRAM 之上是应用以及更高级别的服务（如资源代理或元调度器）；访问机制与本地管理机制在 GRAM 之下。这两者通过 GRAM 进行连接，因而大大减少了所需要的接口、协议以及 API 的数量。

假定账户与计费功能由本地管理机制提供，GRAM 不提供这些功能。

DUROC[36]（Dynamically-Updated Request Online Coallocator）提供协同资源分配服务。GRAM（Globus Resource Allocation Manager）为各种不同的资源管理工具提供了标准的接口。RSL[37]（Globus Resource Specification Language）用于管理各个组成部分之间资源需求信息的交换。

2.3.4　数据管理

数据管理包括以下三个主要部分：GASS[38]（Globus Access to Secondary Storage）、GridFTP[39]和复制管理服务。

1.　全局二级存储服务 GASS

在 Globus 环境中应用程序对远程文件 I/O 的操作可以被 GASS 简化。通过使用本地二级缓存来缓存一些远程文件，可以解决如下问题：

（1）带宽问题，并且随着远程文件的变化可以更新缓存。

（2）支持文件访问预处理以及后处理（读/写操作处理）。

2.　GridFTP

GridFTP 是 Globus 中数据传输的机制。它支持并行数据传输，条状（strip）数据传输和部分文件传输；增加了 GSS-API 安全认证；可以自动调整 TCP 缓存/窗口（buffer/window）大小。

3.　复制管理服务

复制管理服务主要针对大型远程数据文件的访问。一个网格应用确定最佳数据传输位置的服务访问流程如图 2-2 所示：

（1）首先应用程序描述需要的数据特征，然后元数据目录服务接收属性描述。

（2）元数据目录服务查询包含这些属性描述的索引,依据索引提供数据的逻辑文件列表，并把逻辑文件列表返回给应用程序。

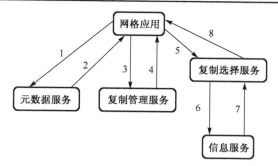

图 2-2　网格应用确定最佳数据传输位置的服务访问流程

(3) 应用程序收到来自元数据目录服务的逻辑文件列表后,复制管理服务接收这些逻辑文件名。

(4) 应用程序的逻辑文件传递给复制管理服务后,查询注册表,把注册的逻辑文件相对应的物理位置信息返回给应用程序。

(5) 应用程序把该复制位置列表传递给复制选择(replica selection)服务。

(6) 复制选择服务根据列表确定从复制位置到应用程序之间的连接,并把这些信息发送给信息服务(即 MDS)。

(7) 信息服务发送给复制选择服务这些连接之间的传输性能评估数据。

(8) 复制选择服务基于这些评估,选择一个最佳的位置,应用程序接收包含选择数据的位置信息。

(9) 应用程序收到包含数据的最佳位置后,就可以通过 GridFTP 或者其他手段进行数据传输了。

2.3.5　通信

Globus Tookit 提供了 Nexus 多线程通信库。Nexus 通过使用一套单一的 API 实现了对多种通信协议的支持,并在此基础上完成基于网格系统 MPI 标准的 MPICH-G2[40]实现。另外,Globus Tookit 还提供 globus_io 库,程序员可以在此基础上使用 TCP、文件 I/O、IP 组播、UDP 等服务完成安全、异步通信,以及 QoS[41]的实现。

2.3.6　错误检测

心跳检测(Heartbeat Monitor)提供了对进程的监控,并定时发送心跳到其他监视器。

2.3.7　可移植性

提供了可移植的 libc 库、Globus_utp API、数据转换库、线程库以及 Globus 工具包要用到的基本数据类型库。

2.4　Globus 开发示例

安全对于任何系统都不容忽视，同样的道理，网格安全对 Globus 特别重要。本节通过例子说明如何开发安全的网格服务及其客户端。

本节将依次向读者介绍用 GT3 编写安全网格服务时所需的各个步骤。GT3 提供的机制使得其可以对服务进行配置，使用认证和服务级授权。GT3 中自带的 API 可以使得程序员将其他安全机制集成进来，或者使程序员进行更细粒度的访问控制。

首先，描述怎样设置使其适合于安全架构的环境。然后，阐述怎样通过授权和认证来限制对服务的访问。最后解释如何对这些配置进行扩展，以便为 factory 提供访问控制机制。下面四个例子的代码清单，读者可以根据自己的需要使用或修改这些代码。

1．环境设置

GT3 提供的工具有助于设置部署和开发网格服务的安全环境。请务必确认是否已经用$GLOBUS_LOCATION/bin/grid-cert-request 获取了相关证书。通常用户的私钥和公钥放置在主目录的.globus 分目录下。此外，您还需创建～/.globus/cog.properties 文件。这个文件的内容如清单 2-1 所示。

清单 2-1　cog.properties 文件格式

```
1  usercert=/home//.globus/usercert.pem
2  userkey=/home//.globus/userkey.pem
3  proxy=/tmp/x509up_u[digit number]
4  cacert=/etc/grid-security/certificates/42864e48.0
```

usercert 和 userkey 两个变量指向公钥和私钥文件。在 GT3 中，可以从长期的凭证中派生出一个生命期更短的凭证，供用户在会话时使用。这个较短期的文件称之为 proxy（代理），生成的方法是使用$GLOBUS_LOCATION/bin/grid-proxy-init，并在请求证书时用到密码短语（pass-phrase）。proxy 变量用于指向这个代理文件。cacert 变量指向用户所信任的 CA 证书。这些变量通常是由 Globus 安装过程的 setup-gsi 脚本设置完成。在启动任何一次网格会话之前，都要使用$GLOBUS_LOCATION/bin/ grid-proxy-init 生成用户的代理。GT3 底层的安全库可以找到这个用户代理，并把其作为与这个用户运行的客户端或者服务相关联的代理（并且通过配置能够更加灵活地控制安全策略，稍后在清单 2-3 中将会讨论）。GT3 通过 Axis/JAX-RPC 处理程序实现其消息级安全。server-config.wsdd 和 client-config.wsdd 必须定义适当的请求与响应流。默认情况下，GT3 自动安装它们。

有些用户发现，Sun JVM 1.4.0/1.4.1 的 xalan.jar 文件存在问题，这个文件不能与 GT3 中使用的 xml-security 包协同工作。请参阅 XML Security Library 的安装指南，找到解决这个问题的办法。如果您使用的是 J2SE 1.3.1，需要下载并安装 JAAS 库。

2. 编写安全的服务

本节将考虑一个简单的 HelloWorld 服务。HelloWorld 服务只有一个方法即 sayHello()，可以订阅消息变化的通知。如果读者想让这个 HelloWorld 变得更安全，应该完成哪些必需的修改呢？为了在服务实例上启用认证和授权，读者需要在部署描述符中设置若干属性，具体如清单 2-2 所示。

清单 2-2　保护服务实例用到的部署描述符

```
1  <parameter name="instance-securityConfig"
2  value="org/globus/ogsa/impl/security/descriptor/gsi-security-config.xml"/>
3  <parameter name="instance-authorization" value="gridmap"/>
4  <parameter name="instance-gridmap" value="/home/lavanya/gridmap"/>
```

安全属性指定部署描述符 instance-securityConfig。这个参数用于在服务的安全属性之上提供粒度更细的控制。必须正确设置 instance-securityConfig 参数，认证才能有效。这里，我们将使用 GT3 提供的通用 gsi-security-config.xml 来实现 GSI 安全会话认证机制。读者可以使用可用的元素自己编写一个简单的安全描述符。安全部署描述符是从 classpath 处加载的，因而读者可以在实现该服务的 jar 文件中加入特定用于应用程序的安全描述符。instance-authorization 参数定义了使用哪种授权机制。可用的选项是 none、gridmap 和 selfcode。如果读者在执行认证时没有初始化 instance-authorization，那么默认情况下执行 self 授权。

如果这些安全性参数是在前文的环境设置中完成定义的，那就适用于容器中的所有服务。默认情况下，用户环境中底层的库会取出服务凭证和已信任证书。但读者可以在部署描述符中为每一个服务单独配置一组凭证以及与之关联的已信任证书，如清单 2-3 所示。

清单 2-3　部署描述符中的其他选项

```
1  // To set the service credential
2  <parameter name="serviceProxy" value="[proxy file]"/>
3  OR
4  <parameter name="serviceCert" value="[certificate file]"/>
5  <parameter name="serviceKey" value=""/>
```

```
6    // To set the service trusted certificates
7    <parameter name="trustedCertificates" value="[CA certificate
     locations]"/>
```

　　类似地，读者也可以用 containerProxy 参数或 containerCert 和 containerKey 两个参数来设置与容器关联的凭证。

　　读者可以按照一般网格服务的方式，根据 GWSDL 和 WSDL 生成服务的存根。清单 2-4 将展示怎样从服务的上下文中获取调用者的身份标识。清单 2-4 中还阐明了一些其他可能的配置，服务端可能要求用这些配置设置安全通知回调。

　　清单 2-4 中还展示了在服务端设置的配置项。在通知订阅应用程序时这项实现服务扮演了客户端的角色。因此读者需要在 ServiceData 中设置 Constants.AUTHORIZATION 和 Constants.GSI_SEC_CONV 两个属性。这些属性在下一小节将详细讲述。这些代码还展示了在方法 sayHello() 调用的过程中，读者应该怎样使用 SecurityManager 获得调用者的身份标识。接着，读者可以在上下文中获得 JAAS 调用的 subject。在服务实现的 postCreate() 中设置前面设在部署描述符中的参数可以使用 GridContext。这项技术可以让使用者在设置服务实例参数在运行的时候，而不是在部署的时候绑定。凭证和参与实体之间的信任关系是动态的，通常会在服务生命期中发生改变。HelloWorld 服务实现了 CredentialRefreshListener 接口，这样就能自动刷新与服务关联的凭证。在服务生命期中对 gridmap 文件所做的任何改变都会被反映出来。

清单 2-4　HelloWorldImpl.java 服务的实现

```
1    public class HelloWorldImpl extends GridServiceImpl implements
     HelloWorldPortType, CredentialRefreshListener {
2      public helloWorldImpl()
3      {
4        super("HelloWorld");
5      }
6      public String sayHello(String in0) throws java.rmi.RemoteException
7      {
8        String identity = SecurityManager.getManager().getCaller();
9        System.out.println("The identity is "+identity);
10       Subject subject = JaasSubject.getCurrentSubject();
11       System.out.println("Jaas Subject is "+ subject);
12       ...
13       // Set the properties on the service data for calling the callback
         interface
14       _state.setProperty(Constants.GSI_SEC_CONV, Constants.ENCRYPTION);
```

```
15    _state.setProperty(Constants.AUTHORIZATION, NoAuthorization.
      getInstance());
16    _state.notifyChange(); // notify anyone subscribe to the
      ServiceData
17    return "hello" + in0 ;
18  }
19  public void postCreate(GridContext context) throws GridServiceException
20  {
21    ...
22    // The following lines illustrate how the properties specified
      in the deployment descriptor could have been
23    // setup during service instance creation incase the values
      were not known during deployment.
24    //String mapPath = "/home/lavanya/gridmap";
25    //context.getMessageContext().setProperty("instance-
      authorization", new String("gridmap"));
26    //context.getMessageContext().setProperty("instance-gridmap",
      mapPath);
27  }
28  public void refreshCredentials(org.ietf.jgss.GSSCredential creds)
29  {
30  }
31  private ServiceData _state; // wrapper for our custom data type
32 }
```

3. 编写安全的客户端

安全的网格客户端需要设置适当的属性，会话中需要使用的安全配置项才能被服务知道。这里我们介绍如何设置其中的一些属性，以便能在服务中具备 GSI Secure Conversation。HelloWorldClient 是一个简单的客户端，它在 HelloWorldPortType 中调用 sayHello( )方法，查询服务数据，并订阅有关服务数据的通知。如清单 2-5 所示。

清单 2-5　HelloWorldClient

```
1  public class HelloWorldClient extends ServicePropertiesImpl
   implements NotificationSinkCallback
2  {
3    public static void main (String[] args)
4    {
```

```
5      helloWorldClient c = new helloWorldClient();
6      c.doHello();
7    }
8    public HelloWorldClient()
9    {
10   }
11   public void doHello()
12   {
13     try
14     {
15       // Initialize the notification Manager
16       NotificationSinkManager manager = NotificationSinkManager.
         getInstance("Secure");
17       manager.startListening(NotificationSinkManager.MAIN_THREAD);
18       // Setup the security properties to be used by the NotificationManager
19       HashMap props = new HashMap();
20       props.put(Constants.GSI_SEC_CONV, Constants.ENCRYPTION);
21       props.put(Constants.AUTHORIZATION, NoAuthorization.getInstance());
22       manager.init(props);
23       this.setProperty(Constants.GSI_SEC_CONV, Constants.ENCRYPTION);
24       this.setProperty(Constants.AUTHORIZATION, NoAuthorization.
         getInstance());
25       // For notification the client acts as a server point and
         hence should specify who all the client
26       // trusts to receive notifications from.
27       this.setProperty(Authorization.AUTHORIZATION, "gridmap");
28       GridMap map = new GridMap();
29       map.load("/home/lavanya/notification-gridmap");
30       SecureServicePropertiesHelper.setGridMap(this, map);
31       //Query service data
32       OGSIServiceGridLocator locator = new OGSIServiceGridLocator();
33       String handle = "http://localhost:9080/ogsa/services/
         samples/HelloWorld;
34       GridService gridService = locator.getGridServicePort(new
         URL(handle));
35       //Set the properties on the stub to access the service data
```

```
36      ((Stub)gridService)._setProperty(Constants.GSI_SEC_CONV,
        Constants.ENCRYPTION);
37      ((Stub)gridService)._setProperty(Constants.AUTHORIZATION,
        NoAuthorization.getInstance());
38      // Get Service Data Element "Our State"
39      ExtensibilityType extensibility = gridService.findServiceData
        (QueryHelper.getNamesQuery("MyState"));
40      ServiceDataValuesType serviceData = AnyHelper.getAsServiceDataValues
        (extensibility);
41      MyStateType oData = (MyStateType) AnyHelper.getAsSingleObject
        (serviceData, MyStateType.class);
42      // Write service data
43      System.out.println("Queried message:" +oData.getLastMessage());
44      // Method call on the service
45      String sink = manager.addListener("MyState",null,new HandleType
        (handle,this);
46      HelloWorldNotificationServiceGridLocator hwLocator=new
        HelloWorldNotificationServiceGridLocator();
47      HelloWorldNotificationPortType hwPort = hwLocator.
        getHelloWorldNotificationPort(new URL(handle));
48      // Set the security properties on the Stub to access the service
49      ((Stub)hwPort)._setProperty(Constants.GSI_SEC_CONV, Constants.
        ENCRYPTION);
50      ((Stub)hwPort)._setProperty(Constants.AUTHORIZATION,
        NoAuthorization.getInstance());
51      // Set this property if you want to delegate the
52      // credential to the service
53      ((Stub)hwPort)._setProperty(GSIConstants.GSI_MODE, GSIConstants.
        GSI_MODE_LIMITED_DELEG);
54      System.out.println(hwPort.sayHello("Lavanya"));
55   } catch (Exception e)
56   {
57      e.printStackTrace();
58   }
59 }
60 /* Called whenever serviceData is modified on the service side */
```

```
61    public void deliverNotification(ExtensibilityType any) throws
      RemoteException
62    {
63      ...
64    }
65  }
```

对于启用 GSI Secure Conversation 的客户端来说，必须设置 Constants.GSI_SEC_CONV 属性，以便于指示使用的是下面两种消息级保护机制中的哪一种：

(1) 签名 (Constants.SIGNATURE)。

(2) 加密 (Constants.ENCRYPTION)。

另外，清单 2-5 中的另一个属性是为 NoAuthorization.getInstance() 方法设置 Constants.AUTHORIZATION，它的作用是关闭客户端授权。还需在通知管理器中设置安全参数。方法是用想要的属性初始化一个 HashMap，然后将其关联管理器。此外，当客户端接收通知的时候，它扮演的是服务器的角色。因此读者需要先将访问控制与回调接口相关联。然后，将 Authorization.AUTHORIZATION 属性设置到 gridmap 中，最后再使用 SecureServicePropertiesHelper 关联相应的 gridmap 文件。类似地，当读者想查询服务数据，或者是调用了 portType 接口上的方法时，可以看到如何在 Stub 接口上设置相应的属性。当服务的行为方式需要它用客户端的凭证来访问另外的服务时，读者可以委托一个凭证。此时，为了启用凭证委托，读者可以将 GSIConstants.GSI_MODE 的值设置为 GSIConstants.GSI_MODE_LIMITED_DELEG。

还可能需要使用其他的属性来配置 GSI Secure Conversation 与 GSI XML Signature（例如 GSIConstants.GSI_CREDENTIALS、Constants.GSI_XML_SIGNATURE）。可以采用上述类似的方式来设置这些属性。

4. 安全的 factory 接口

OGSA[42] (Open Grid Services Architecture) 中的 factory 接口允许用户创建多个网格服务实例。您可以完全根据自己的需要，限制服务实例的访问到某组特定的用户，您还应该限制可以创建这些服务的用户。实现的方法是为 factory 实例创建一个访问控制，这样就可以限制哪些人可以访问 factory 和创建服务实例了。在 GT3 中，可以在部署描述符中设置适当的参数，如清单 2-6 所示。

清单 2-6　安全 factory 的部署描述符

```
1  <parameter name="securityConfig"
2  value="org/globus/ogsa/impl/security/descriptor/gsi-security-config.xml"/>
3  <parameter name="authorization" value="gridmap"/>
4  <parameter name="gridmap" value="/home/lavanya/gridmap"/>
```

　　如清单 2-6 所示，设置参数的方法与为服务实例设置参数的方法相类似。securityConfig 指定安全属性的部署描述符。这有助于在服务的安全属性之上提供更细粒度的控制。GT3 附带的通用 gsi-security-config.xml 可以提供 GSI 安全对话认证机制。authorization 参数指定使用何种授权机制，可选项为 gridmap、selfcode 或 none。如果读者使用了 gridmap 授权，请将 gridmap 参数指向 gridmap 文件。当读者像清单 2-6 中那样保护 factory 的时候，调用之前应该在 factory 的存根中设置 Constants.GSI_SEC_CONV 和 Constants.AUTHORIZATION，以便创建服务实例。具体过程如清单 2-7 所示。

清单 2-7　创建安全服务

```
1  ...
2  OGSIServiceGridLocator factoryService = new OGSIServiceGridLocator();
3  Factory factory = factoryService.getFactoryPort(new HandleType
   (handle));
4  ...
5  // securing the factory stub
6  ((Stub) factory)._setProperty(Constants.GSI_SEC_CONV, Constants.
   ENCRYPTION);
7  ((Stub) factory)._setProperty(Constants.AUTHORIZATION, NoAuthorization.
   getInstance());
8  GridServiceFactory gridFactory = new GridServiceFactory(factory);
9  LocatorType locator = gridFactory.createService(null, id);
10 ...
```

　　提供适当的安全机制是编写网格服务的主要挑战之一，并使其能有效工作。本节不仅对 GT3 提供的一些安全机制进行了讨论，还向读者展示了如何用这些机制编写安全的网格服务和客户端。

2.5　本 章 小 结

　　本章介绍了 Globus 项目的相关状况，并介绍了 Globus Toolkit 的数据管理、信息架构、安全架构等重要组成部分，以及可移植性、错误检测、通信等重要机制。在此基础上，本章给出了一个开发示例，重点介绍如何利用 Globus Toolkit 开发安全的网格服务与客户端。

　　本章简单介绍了 Globus 以及 Globus Toolkit 的相关内容，读者如果需要深入了解相关的资料可自行查阅。

第 3 章

SAGA

随着网格计算的发展,人们在认识到网格协同计算与资源共享优势的同时,也发现了一些难题。首先,网格具有较强的动态性。网格是开放的平台,平台内资源可能随时退出系统或者发生故障不可用,新的资源可能会随时加入平台中。另一方面,网格平台内存在大量的软件,这些软件会不断地升级,版本也在不断地更新,使得网格资源时刻处于动态变化之中。其次,网格具有异构性。网格平台跨地域、跨部门,各个部门或者供应商使用的操作系统的类型、版本、编译器、库文件、软件栈、中间件的版本、服务的语言会大相径庭,再加上各个部门对资源的开放程度不同(如资源的访问权限不同、使用方法不同、环境设置不同等),使得网格内的资源"无章可循"。最后,网格具有复杂性。网格自诞生起就交织在社会不同机构、不同部门错综复杂的关系中,再考虑其动态性与异构性,使得网格更为复杂。

这些原因不仅使网格平台的构建困难重重,更为严重的是大大提高了在网格平台上进行开发应用的门槛。网格平台通常是从下到上逐层提供接口的,并且在每一层都尽可能把所有功能模块的接口暴露出来供用户灵活使用,同时也带来另外一个问题,这些接口过于底层化、具体化。即使应用开发人员实现一个最简单的功能,也要编写大量的代码,同时还要考虑网格平台底层的动态性、异构性等复杂的问题。但是,应用开发人员关心的是终端用户提出的上层逻辑功能,而不关心网格内部特性,所以网格平台大量的、具体化的接口给开发人员带来巨大的困扰。

鉴于此,2004 年 6 月在 GGF11 基础上提出 SAGA(A Simple API for Grid Applications)[43]。SAGA 根据网格基本的操作集合,提供简单的、一致的 API,使得应用开发人员更加方便地使用网格技术。

3.1 简 介

SAGA 是在网格或云计算平台上开发分布式应用的标准 API,它强调作业的处理与监控、文件的传输与管理以及分布式业务流程,主要目标为:

(1)提供访问异构的分布式计算平台与中间件的统一访问层。

（2）为分布式应用、框架以及工具库的开发提供稳定的编程接口，减少在网络平台上部署应用的障碍。

（3）提供帮助用户在高层次抽象水平设计与实现应用的组件。

SAGA 是针对高层次应用开发人员的，使他们不必了解网格平台底层技术以及中间件，就能够通过网格利用分布式计算资源进行应用开发[44]。

SAGA 是对现有网格技术的补充，是面向应用的，采用自上而下的方式，为开发人员提供更高水平的编程范式。SAGA 的特点是简明扼要的状态描述，较少的代码开发量，以便于快速应对新的网格需求[45]。SAGA 尽量减轻开发人员的负担，让他们更关注自己开发的组件。在应用层面为开发人员提供更加简洁的接口。清单 3-1 与清单 3-2 分别是 SAGA 与 Globus 中 copy 文件的代码[46]。

清单 3-1　SAGA 中 copy 文件的代码

```
1   #include <string>
2   #include <saga/saga.hpp>
3   void copy_file(std::string source_url, std::string target_url)
4   {
5    try {
6      saga::file f(source_url);
7      f.copy(target_url);
8    }
9    catch (saga::exception const &e)
10   {
11     std::cerr << e.what() << std::endl;
12   }
13  }
```

清单 3-2　Globus 中 copy 文件的代码

```
1   int copy_file (char const* source, char const* target)
2   {
3    globus_url_t source_url;
4    globus_io_handle_t dest_io_handle;
5    globus_ftp_client_operationattr_t source_ftp_attr;
6    globus_result_t result;
7    globus_gass_transfer_requestattr_t source_gass_attr;
8    globus_gass_copy_attr_t source_gass_copy_attr;
9    globus_gass_copy_handle_t gass_copy_handle;
10   globus_gass_copy_handleattr_t gass_copy_handleattr;
11   globus_ftp_client_handleattr_t ftp_handleattr;
```

```
12   globus_io_attr_t io_attr;
13   int output_file = -1;
14   if ( globus_url_parse (source_URL, &source_url) !=
     GLOBUS_SUCCESS )
15   {
16     printf ("can not parse source_URL \"%s\"\n", source_URL);
17     return (-1);
18   }
19   if ( source_url.scheme_type != GLOBUS_URL_SCHEME_GSIFTP &&
20     source_url.scheme_type != GLOBUS_URL_SCHEME_FTP &&
21     source_url.scheme_type != GLOBUS_URL_SCHEME_HTTP &&
22     source_url.scheme_type != GLOBUS_URL_SCHEME_HTTPS )
23   {
24     printf ("can not copy from %s - wrong prot\n", source_URL);
25     return (-1);
26   }
27   globus_gass_copy_handleattr_init (&gass_copy_handleattr);
28   globus_gass_copy_attr_init (&source_gass_copy_attr);
29   globus_ftp_client_handleattr_init (&ftp_handleattr);
30   globus_io_fileattr_init (&io_attr);
31   globus_gass_copy_attr_set_io (&source_gass_copy_attr, &io_attr);
32   globus_gass_copy_handleattr_set_ftp_attr(&gass_copy_handleattr,
     &ftp_handleattr);
33   globus_gass_copy_handle_init (&gass_copy_handle, &gass_copy_
     handleattr);
34   if (source_url.scheme_type == GLOBUS_URL_SCHEME_GSIFTP ||
35     source_url.scheme_type == GLOBUS_URL_SCHEME_FTP )
36   {
37     globus_ftp_client_operationattr_init (&source_ftp_attr);
38     globus_gass_copy_attr_set_ftp (&source_gass_copy_attr,
     &source_ftp_attr);
39   }
40   else {
41     globus_gass_transfer_requestattr_init (&source_gass_attr,
     source_url.scheme);
42     globus_gass_copy_attr_set_gass(&source_gass_copy_attr,
     &source_gass_attr);
43   }
```

```
44   output_file = globus_libc_open ((char*) target,  O_WRONLY |
     O_TRUNC | O_CREAT,
45     S_IRUSR | S_IWUSR | S_IRGRP | S_IWGRP);
46   if ( output_file == -1 )
47   {
48     printf ("could not open the file \"%s\"\n", target);
49     return (-1);
50   }
51   /* convert stdout to be a globus_io_handle */
52   if ( globus_io_file_posix_convert (output_file, 0,&dest_io_
     handle)!= GLOBUS_SUCCESS)
53   {
54     printf ("Error converting the file handle\n");
55     return (-1);
56   }
57   result = globus_gass_copy_register_url_to_handle (&gass_copy_
     handle, (char*)source_URL,
58     &source_gass_copy_attr, &dest_io_handle, my_callback, NULL);
59   if ( result != GLOBUS_SUCCESS )
60   {
61     printf ("error: %s\n", globus_object_printable_to_string
     (globus_error_get (result)));
62     return (-1);
63   }
64   globus_url_destroy (&source_url);
65   return (0);
66 }
```

从以上例子中可以看到，通过 SAGA 开发人员不用考虑文件的物理存储位置，文件所在系统的类型以及具体的操作过程就能完成应用层面的功能。可见，SAGA 屏蔽了底层中间件的细节，大大降低了开发人员对网格平台的要求，减轻了负担。

3.2　定　　位

SAGA 是客户端软件，为不同的网格中间件提供统一的编程接口，是在网格平台上开发应用的方便工具。这些接口是应用层面的，屏蔽了网格平台底层的技术细节。而其本身并不是网格平台，也不能替代网格平台，而且它也不是网格平台内服务的管理接口。**SAGA** 是以网格平台为基础的上层软件，提供网格中间件的大部分功能，但不涵盖网格中间件的所有功能，也不影响网格中间件的任何功能。并且，

SAGA 不绑定任何具体的编程语言。具体逻辑层面如图 3-1 所示。其应用场景如图 3-2 所示。

图 3-1　SAGA 逻辑层面图

图 3-2　SAGA 场景图

3.3　总 体 设 计

SAGA 是一个复杂的工程，既要满足用户常用需求，又要兼容主流的网格中间件。SAGA 采用模块化设计，各个模块是独立的，灵活易用，分为直观 API 模块、功能包模块与中间件适配器模块，其框架图[47]如图 3-3 所示。

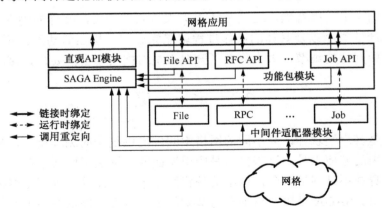

图 3-3　SAGA 总体框架图

3.3.1　直观 API

直观 API 是为不熟悉网格中间件的用户提供的简单、易用、统一的使用接口。这些接口对应着所有的 SAGA 功能包，能够轻松调用各种功能。直观 API 具有三个核心的功能：统一错误处理、任务处理模块与监控模块。

1. 统一错误处理

在 SAGA 中，所有的对象都要实现错误处理接口，用户可以直接查询错误类型对应的 SAGA 对象。在多个方法同步调用一个对象时，后调用的方法会重新组合前面方法调用中出现的错误集，使得该对象错误集及时更新。对于异步操作，错误接口由执行该操作的任务实例来提供，而不是创建任务的对象提供。统一错误处理模块包含指示错误类型的代码集合，如表 3-1 所示。

表 3-1　错误代码集合

Success = 0	NotImplemented = 1	IncorrectURL = 2
IncorrectSession = 3	AuthenticationFailed = 4	AuthorizationFailed = 5
PermissionDenied = 6	BadParameter = 7	IncorrectState = 8
AlreadyExists = 9	DoesNotExist = 10	ReadOnly = 11
Timeout = 12	NoAdaptor= 13	NoAdaptorInfo = 14
Unexpected= 15	NoSuccess = 16	—

2. 任务处理

在 SAGA 中，每个对象都要实现任务处理模块，模块中的每个方法都有三个类型，同步、异步与任务。在中间件适配器中可以实现自己的异步方法。

3. 监控

在 SAGA 中，只有某些对象实现接口，而不是全部的对象都实现监控接口。这些对象可以开放监控数据的接口，使得其他对象可以访问监控数据，或者当监控数据表变化时通知已注册的对象，以便注册对象作出反应。

3.3.2　功能包

功能包是针对网格的特点实现特定功能的一系列对象与方法的集合，存放在 C++的动态库中。其具有控制性强、内存占用少等特点，并且各个功能包之间是独立的，没有依赖关系，但是很容易纵向扩展，能够很好地应对网格平台的多样性。目前，主要包括名称空间包、文件包、逻辑文件包、作业包、远程过程调用包与流操作包等。

1．名称空间包

名称空间包采用 POSIX[48]（Portable Operating System Interface of UNIX）标准来描述 SAGA 中最基本的数据结构与层次结构，其他的功能包都依赖于名称空间包。名称空间包采用目录与实体混合的层次结构，目录可以包含其他目录或实体（任何 SAGA 的对象），其层次结构如图 3-4 所示。提供符号链接（指向目录或实体的指针），目录与实体的搜索、访问控制链表操作与模式操作等功能。API 应用实例如清单 3-3 所示。

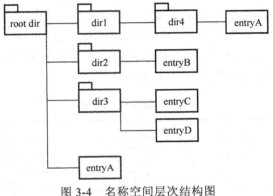

图 3-4　名称空间层次结构图

清单 3-3　名称空间实例代码

```
1   // Recursive Namespace structure listing
2   void list_dir( std::string & url)
3   {
4     saga::ns_dir dir (url);
5   }
6   for ( int i = 0; i < dir.get_num_entries (); i++ )
7   {
8     string name = dir.get_entry (i);
9     std::cout << name << std::endl
10    if( dir.is_dir(name) )
11    {
12      list_dir(name);
13    }
14 }
```

2．文件包

在文件的管理上，很多用户都希望在不清楚文件具体位置的情况下能够直接访问文件内容，SAGA 在文件的管理上也注重这一点。SAGA 的文件的操作对象都是以名称空间的形式实施的，并且文件包也同时扩展了名称空间中的文件读写方法，并进行了补充。

文件操作在语法上与语义上都是基于 POSIX 的，需要执行大量的远端数据操作，这会大大降低执行效率。因此，SAGA 在文件处理上，借鉴了 GridFTP 及其他方法来处理远端的数据操作。具体地说，文件包实现了类似于 POSIX 的 read、write 和 seek 方法，同时又引进了一些优化方法来提高效率。文件包支持三种 I/O 模式：标准的 I/O、分散的 I/O 以及基于模式的 I/O 模式。

SAGA 支持这三种 I/O 模式，供用户灵活使用，提高读写效率。清单 3-4 是读取前 10 个字节的例子。

清单 3-4　读取前 10 个字节的代码

```
1  // Read the first 10 bytes of a file if file size > 10 bytes
2  saga::file my_file ("griftp://gridhub/~/result.dat);
3  off_t size = my_file.get_size ();
4  if ( size > 10 )
5  {
6   char buffer[11];
7   long bufflen;
8   my_file.read (10, buffer, &bufflen);
9   if ( bufflen == 10 )
10  {
11    std::cout << buffer << std::endl;
12  }
13 }
```

1）标准 I/O 模式

该模式是基于 POSIX 标准实现的 read、write 与 seek 方式。为了提高效率，这里的读写方式都是"零拷贝"（zero-copy），具体框架如图 3-5 所示。

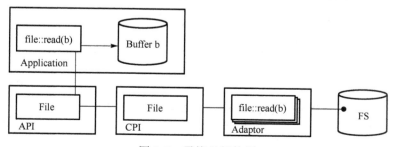

图 3-5　零拷贝架构图

零拷贝是实现主机或路由器等设备高速网络接口的主要技术。零拷贝技术通过减少或消除关键通信路径来影响速率的操作，降低数据传输的操作系统开销和协议处理开销，从而有效提高通信性能，实现高速数据传输。

零拷贝技术可以减少数据拷贝和共享总线操作的次数，消除通信数据在存储器之间不必要的中间拷贝过程，有效地提高通信效率，是设计高速接口通道、实现高速服务器和路由器的关键技术之一。数据拷贝受制于传统的操作系统或通信协议，限制了通信性能。采用零拷贝技术，通过减少数据拷贝次数，简化协议处理的层次，在应用和网络间提供更快的数据通路，可以有效地降低通信延迟，增加网络吞吐率。

2）分散 I/O 模式

该模式也是 POSIX 支持的模式，是标准 read、write 方法的矢量操作，即将多个 I/O 操作放在同一个请求中，通过缓存批量处理。该模式对大文件的读写具有很高的效率，但对小文件效率很低。

3）基于模式的 I/O 模式

该模式采用了 FALLS[49]（Family of Line Segments）的思想。在二进制文件中是描述一个正则模式，只读写与该模式匹配的数据，降低分散 I/O 模式下的带宽限制。该模式在多层文件的读写上具有很高的效率（如图像数据）。

3. 逻辑文件包

逻辑文件包主要处理逻辑文件与目录的操作。在系统中，一个逻辑文件会对应不同主机上的多个文件实体，也就是说一个文件会有多个副本，如图 3-6 所示。逻辑文件包提供逻辑层面上的文件操作以及副本管理功能，包括添加、删除、更新、创建文件副本，查看文件的所有副本等操作，清单 3-5 是 SAGA 中创建一个副本以及查看副本大小的实例。

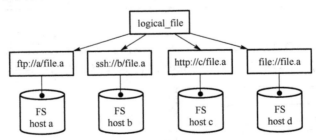

图 3-6　逻辑文件与实体文件的映射

清单 3-5　创建一个副本以及查看副本大小的代码

```
1   // Replicate a logical file and check its size
2   saga::logical_file lf ("lfn://remote.catalog.net/tmp/file1");
```

```
3   lf.replicate ("gsiftp://localhost.net/tmp/file.rep");
4   saga::file f ("gsiftp://localhost.net/tmp/file.rep");
5   std::cout << "size of local replica: "
6   << f.get_size ()
7   << std::endl;
```

4. 作业包

几乎所有的用户都需要向网格平台提交作业，监测控制已提交的作业。作业包就是专门负责用户作业管理的。SAGA 的作业包是由 DRMAA-WG[50]扩展而来，主要包括四部分功能：作业描述、作业提交与控制、作业 I/O 重定向与作业重新连接。

作业描述利用 JSDL 定义作业的相关属性，包括作业开始时间，作业运行时间以及资源要求。这些属性的定义是通过键值来完成的。示例代码如清单 3-6，清单 3-7 所示。

清单 3-6　作业描述代码

```
1   std::list <string> transfers;
2   transfers.push_back ("infile > infile");
3   transfers.push_back ("ftp://host.net/path/out << outfile");
4   saga::job_description jobdef;
5   jobdef.set_attribute ("Executable", "job.sh");
6   jobdef.set_attribute ("TotalCPUCount", "16");
7   jobdef.set_vector_attribute ("FileTransfer", transfers);
```

清单 3-7　提交一个作业等待完成的代码

```
1   // Submitting a simple job and wait for completition
2   saga::job_description jobdef;
3   jobdef.set_attribute ("Executable", "job.sh");
4   saga::job_service js;
5   saga::job job = js.create_job ("remote.host.net", jobdef);
6   job.run();
7   while( job.get_state() == saga::job::Running )
8   {
9     std::cout << "Job running with ID: "
10    << job.get_attribute("JobID") << std::endl;
11    sleep(1);
12  }
```

作业提交与控制。在作业包中存在两种方法提交作业，create_job()与 run_job()方法。同时由 run()、cancel()、suspend()、resume()方法来控制作业状态。用户还可以通过作业包来迁移作业，为作业设置检测点，方法分别是 checkpoint()、migrate()。具体的状态转换如图 3-7 所示。

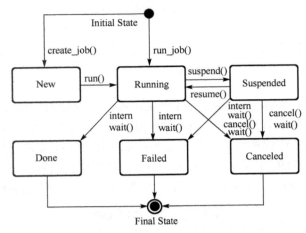

图 3-7　形态转换

　　作业的 I/O 重定向与作业重新连接。作业包具有 I/O 重定向的功能，使得输入输出更加灵活，方便用户提交作业。另外，对于已经提交运行的作业，用户还可以根据作业的 JobID 重新连接到该作业，进行必要的操作。具体操作如清单 3-7 所示。

　　5. 流包

　　SAGA 提供了流功能包来处理流文件的操作。流包能够在授权的情况下提供应用级别套接字连接，为用户服务。流包不注重性能，而是强调方便用户。如果性能要求很高，用户可以考虑直接针对 GridFTP 或者 XIO[51]（The Globus eXtensible Input/Output System）等协议进行编程来实现，当然编程可能会比较麻烦。

　　流包是以 TCP/IP 套接字连接为基础的，没有提供高层次的抽象的接口[45]。目前主要提供以下基本方法：Serve()方法用来创建等待端点；connect()方法创建连接端点；close()关闭连接；read()与 write()方法用来读写缓存数据；wait()方法用来查看流是否准备完成。具体的状态转换模型以及具体的代码实例如图 3-8 与清单 3-8 所示。

清单 3-8　打开流连接进行读写操作代码

```
1  // Open stream, read & write
2  int recvlen;
3  saga::stream s ("localhost:5000");
4  s.connect ();
```

```
5   s.write ("Hello World!", 12);
6   // blocking read, read up to 128 bytes
7   recvlen = s.read (buffer, 128);
```

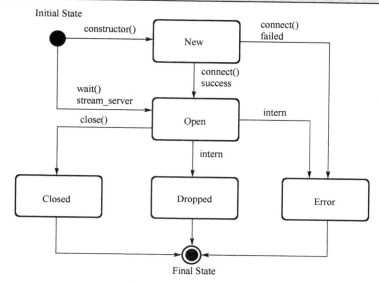

图 3-8　状态转换模型

6. 远程过程调用包

SAGA 基于 OGF[52]GridRPC 标准提供了远程过程调用方法，能够传回包含参数/值的结构体数组，具体实例代码如清单 3-9 所示。

清单 3-9　远程过程调用代码

```
1   // Call a remote procedure
2   rpc rpc ("gridrpc://fs0.das2.cs.vu.nl/matmul1");
3   std::vector <saga::rpc::parameter> params (2);
4   params[0].buffer = // ptr to matrix A
5   params[0].size = sizeof (buffer);
6   params[0].mode = saga::rpc::InOut;
7   params[1].buffer = // ptr to matrix B
8   params[1].size = sizeof (buffer);
9   params[1].mode = saga::rpc::In;
10  rpc.call (&params);
11  // A now contains the result
```

3.3.3　适配器

SAGA 实现了抽象高层的适配器来应对底层网格平台的异构性，这样才使得 SAGA 能在复杂多样的网格平台上运行。文件适配器实现了 Boost 文件系统的接口，并且能够稳定运行；针对 GT4 实现了 Globus GridFTP 文件适配器，但是该适配器只能演示，不能实际运行。逻辑文件适配器使用 SOCI/SQL 来管理目录，能够稳定运行；同时也实现了 Globus RLS 适配器，但是目前不可用。作业适配器，默认适配器已经实现，使用线程来创建作业，能够稳定运行；针对 Globus 实现的作业适配器，只能演示，有时候会出错。流适配器目前还没有实现。远程过程调用的默认适配器只能演示，还不能实际应用。

3.4　本 章 小 结

SAGA 允许用户编写真正的可移植的网格应用，而不用绑定具体的网格中间件，打破了原来网格中间件与平台的耦合性。另外，SAGA 能够让用户通过简单的高层接口以及编程模型快速地开发出网格应用，推动了网格的进一步发展。

第 4 章

NBCR Opal

Opal 是由 NBCR[53, 54](National Biomedical Computation Resource)、SDSC[55](San Diego Supercomputer Center)，以及 CALIT2[56](California Institute for Telecommunications and Information Technology)三家美国的科研机构联合开发的 Web 服务工具箱。该工具箱允许利用 APBS[57](Adaptive Poisson-Boltzmann Solver)或者 PDB2PQR[58]的远程调用来减少本地系统负载或运行本地资源无法满足的计算。

4.1 NBCR

NBCR 能够帮助生物医学科学家解决整合生物组织不同规模(从分子到器官系统)的详细结构测量问题，以获得生物学功能和表型的定量认识。多尺度预测模型和我们进行的生物研究问题能够共同解决亚细胞生物物理学的建模，开发有助于分子发现的建模工具，并为特定病人确定多尺度建模工具。

NBCR 更加注重这些问题，在飞速进步的数学和信息技术基础上开发工具和模型，把它们纳入 NBCR 管道或解决问题的环境，用来解决底层的网络基础设施技术中不可避免的变化，并随着时间的推移不断适应代码。NBCR 的技术注重集成生物应用和底层支持软件，并且注重将其中可重复利用的功能形成通用的科学工作流程。

4.2 Opal Toolkit

以网格为基础的架构允许大规模的科学应用运行在分布于不同地理位置的资源上，这为大规模科学应用带来了新的运行模式。然而，在实际应用中，网格资源很难被用户加以利用。为了较好地利用网格资源，用户不得不学习如何生成安全认证、设置输入输出、访问网格调度器，以及安装复杂的客户端软件。因此，为调用网格资源提供透明的访问接口，以使用户无需考虑复杂的细节，进而更加专注于自身的学术研究成为一种迫切的需求。科学应用包装成 Web 服务在一定程度上解决了这个难题，因为它屏蔽了复杂的后台安全与计算设备，只是给出了一个简单的 SOAP API 以方便特定应用用户接口的访问。然而，编写访问网格资源的网格应用服务是一件相当复杂的事情，特别是不得不为每一个应用重复编写相似的网格应用服务。

为了更好地解决这一问题，Opal 应运而生，它允许用户在几个小时内就能将科学应用包装成 Web 服务，并以易于使用的、可配置的方式提供了诸如调度、标准的网格安全以及数据管理等功能。

下文对 Opal Toolkit 进行了详细介绍[15]，更多的信息请读者自行查阅相关资料。

4.2.1　应用部署

1. 配置文件

读者需要为打算部署成为 Opal 服务的每一个应用创建一个 Opal 配置文件。清单 4-1 给出了针对命令/bin/date 的配置文件示例，该文件位于$OPAL-HOME/configs/date_config.xml。

清单 4-1　命令**/bin/date** 的配置文件示例

```
1  <appConfig xmlns=http://nbcr.sdsc.edu/opal/types xmlns:xsd=
   "http://www.w3.org/2001/XMLSchema">
2   <metadata>
3    <usage><![CDATA[date [-u] mmddhhmm[[cc]yy]]]></usage>
4   </metadata>
5   <binaryLocation>/bin/date</binaryLocation>
6   <defaultArgs></defaultArgs>
7   <validateArgs>false</validateArgs>
8   <jobManagerFQCN>edu.sdsc.nbcr.opal.manager.ForkJobManager
    </jobManagerFQCN>
9   <parallel>false</parallel>
10 </appConfig>
```

清单 4-1 中的配置包括一个根元素 appConfig，该元素包括 metadata、binaryLocation、defaultArgs、parallel、validateArgs，以及 jobManagerFQCN 等元素。元素 metadata 由元素 usage 构成，这里 usage 是一个指明如何调用应用的字符串。元素 binaryLocation 指明了应用二进制的位置，这是一个位置固定的可执行文件，这里无需指定参数。但是元素 defaultArgs 必须为那些需要使用默认参数的运行指定内容。元素 parallel 指明一个应用是否为并行。元素 validateArgs 以及 jobManagerFQCN 是可选的。如果设定为 true，元素 validateArgs 指导 Opal 使用可选命令行指令使相关参数在执行前生效。元素 jobManagerFQCN 可设定为 Opal 工作管理器的一个有效类名。缺省情况下设定如表 4-1 所示。

表 4-1　元素 jobManagerFQCN 的缺省值

缺省值	用途
edu.sdsc.nbcr.opal.manager.ForkJobManager	用于基本的 fork/system 执行
edu.sdsc.nbcr.opal.manager.DRMAAJobManager	用于 DRMAA
edu.sdsc.nbcr.opal.manager.GlobusJobManager	用于本地集群上的 Globus
edu.sdsc.nbcr.opal.manager.RemoteGlobusJobManager	用于向远程集群上提交 Globus 作业
edu.sdsc.nbcr.opal.manager.CondorJobManager	用于直接向 Condor 提交作业
edu.sdsc.nbcr.opal.manager.CSFJobManager	用于使用社区调度框架

对于特定的应用，读者需要参照 pdb2pqr_config.xml 来设定相关的配置。更多的应用配置信息，读者需要参照应用配置文件模板。

2. 服务部署

将服务部署到 Tomcat 中时，读者需要更改$OPAL_HOME 的目录，并运行清单 4-2 中所示的命令。

清单 4-2　更改$OPAL_HOME 的命令

```
$ANT_HOME/bin/ant deploy -DserviceName=<serviceName> -DappConfig=
<appConfig>
```

比如要部署 Date 服务，读者需要输入清单 4-3 中所示命令。

清单 4-3　部署 Date 服务示例

```
1  $ANT_HOME/bin/ant deploy -DserviceName=DateService \
2    -DappConfig=$PWD/configs/date_config.xml
```

如果服务部署成功，那么读者可以通过 URL：http://host:port/opal2/services/serviceName 或者 http://host:port/opal2/dashboard 来访问。

任何时候，读者都可以通过清单 4-4 中所示的命令反部署自己的服务。

清单 4-4　服务反部署命令

```
1  $ANT_HOME/bin/ant undeploy -DserviceName=<serviceName>
```

无论是部署服务还是反部署服务，参数-DappVersion 都是可选的。如果是应用该参数，那么已部署服务的 URL 将以 serviceName_appVersion 的形式出现。

　　如果读者打算使用具有大量输入与输出的服务，那么增加所使用的 JVM 的栈的大小不失为一个好的选择。读者只需设置环境变量 JAVA_OPTS 为-Xmx1024m 并重启 Tomcat，就能将栈大小增加到 1GB。如果到此为止一切正常，那么读者可以通过客户端进一步测试服务的运行以及稳定性。

　　服务的每次运行都将创建新的工作目录。这些工作目录不会自动删除，因而需要定期手动删除。读者可以使用脚本 $OPAL_HOME/etc/cleanup.sh 来定期删除上述工作目录——读者必须修改该脚本以指明 Tomcat 的安装目录，并选择性地修改天数以保留搜索目录。

4.2.2　命令客户端的使用

　　在运行客户端之前，读者需要根据不同的操作系统，通过相应的脚本程序 etc/classpath.bat|(c)sh 设置类路径。读者如果使用的是 UNIX 系统的 tcsh，可以参照清单 4-5 设置所需的类路径。

清单 4-5　UNIX 系统类路径设置示例

```
1    Source etc/classpath.sh
```

　　参照清单 4-6 中的相关命令，读者可以利用小节 4.2.1 中提到的 Date 服务启动作业。

清单 4-6　通过 Date 服务启动作业示例

```
1   java edu.sdsc.nbcr.opal.GenericServiceClient \
2    -l http://localhost:8080/opal2/services/DateService \
3    -r launchJob \
4    -a \""-v1d -v3m -v0y -v-1d -u"\"
```

　　如果输入参数包含"-"之类的字符，读者必须用保留引号将整个参数集合括起来，如\"...\"。如果输入参数不含"-"之类的字符，读者只需用引号将参数括起来即可，如"..."。

　　读者可以通过清单 4-7 中所示命令重获作业状态。

清单 4-7　重获作业状态命令示例

```
1   java edu.sdsc.nbcr.opal.GenericServiceClient \
2    -l http://localhost:8080/opal2/services/DateService \
3    -r queryStatus \
4    -j <job_id>
```

　　一旦作业执行完毕，读者可以通过清单 4-8 中所示命令重获输出元数据。

清单 4-8　重获输出元数据命令示例

```
1  java edu.sdsc.nbcr.opal.GenericServiceClient \
2   -l http://localhost:8080/opal2/services/DateService \
3   -r getOutputs \
4   -j <job_id>
```

　　如果使用的是不同的端口，或是在另一台机器上运行客户端，读者需要更改清单 4-6、清单 4-7 以及清单 4-8 中的 URL。注意，读者可以通过清单 4-9 中的命令获取完整的客户端使用信息。

清单 4-9　获取客户端完整使用信息的命令示例

```
1  java edu.sdsc.nbcr.opal.GenericServiceClient
```

4.2.3　PostgreSQL 用法

　　安装 PostgreSQL 数据库，版本要求为 8.2.x。

　　创建名为 opal2_db 的数据库，以及一个名为 opal_user 的用户名和相应的密码，而后将 opal2_db 的所有权限授予 opal_user，并配置数据库使其允许远程 JDBC 连接。

　　编辑 etc/hibernate-opal.cfg.xml 配置文件，并注释 HSQL 相关的属性，如清单 4-10 所示。

清单 4-10　HSQL 属性注释

```
1  <!-- Database connection settings for HSQL -->
2  <!-- <property name="connection.driver_class">org.hsqldb.jdbcDriver
   </property> -->
3  <!-- <property name="connection.url">jdbc:hsqldb:file:data/
   opaldb</property> -->
4  <!-- <property name="connection.username">sa</property> -->
5  <!-- <property name="connection.password"></property> -->
6  <!-- <property name="dialect">org.hibernate.dialect.HSQLDialect
   </property> -->
```

　　取消 PostgreSQL 相关的属性注释，如清单 4-11 所示。注意，读者可以改变属性 connection.url 以指向其他任何一台允许基于 Opal 服务的 JDBC 连接的数据库服务器。如果作为 Opal 服务器的数据库是在同一台机器上，那么此属性值无需改变。

清单 4-11　取消 PostgreSQL 属性注释

```
1  <!-- Database connection settings for PostgreSQL -->
```

```
2  <property name="connection.driver_class">org.postgresql.Driver
   </property>
3  <property name="connection.url">jdbc:postgresql://localhost/
   opal2_db</property>
4  <property name="connection.username">opal_user</property>
5  <property name="connection.password">opal_passwd</property>
6  <property name="dialect">org.hibernate.dialect.PostgreSQLDialect
   </property>
```

重装 Opal 的命令如清单 4-12 所示。

清单 4-12　重装 Opal 的命令

```
1  ant install
```

重启 Tomcat，以使上述修改生效。

4.2.4　MySQL 用法

安装 MySQL 数据库，版本要求为 5.1.38。

创建名为 opal2_db 的数据库，以及一个名为 opal_user 的用户名和相应的密码，
而后将 opal2_db 的所有权限授予 opal_user，并配置数据库使其允许 JDBC 连接。

编辑 etc/hibernate-opal.cfg.xml 配置文件，并注释 HSQL 相关属性，如清单 4-10
所示。

取消 MySQL 相关属性的注释，如清单 4-13 所示。注意，读者可以改变属性
connection.url 以指向其他任何一台允许基于 Opal 服务的 JDBC 连接的数据库服务
器。如果作为 Opal 服务器的数据库是在同一台机器上，那么此属性值无需改变。

清单 4-13　取消 MySQL 属性注释

```
1  <!-- Database connection settings for MySQL -->
2  <property name="connection.driver_class">com.mysql.jdbc.Driver
   </property>
3  <property name="connection.url">jdbc:mysql://localhost/opal2_
   db?autoReconnect=true</property>
4  <property name="connection.username">opal_user</property>
5  <property name="connection.password">opal_passwd</property>
6  <property name="dialect">org.hibernate.dialect.MySQLDialect
   </property>
```

重装 Opal 的命令如清单 4-12 所示。

重启 Tomcat，以使上述修改生效。

4.2.5　DB2 用法

安装 DB2 数据库，版本要求为 8.2。

创建名为 opal2_db 的数据库，以及一个名为 opal_user 的用户名和相应的密码，而后将 opal2_db 的所有权限授予 opal_user，并配置数据库使其允许 JDBC 连接。

编辑 etc/hibernate-opal.cfg.xml 配置文件，并注释 HSQL 相关属性，如清单 4-10 所示。

取消 DB2 相关属性的注释，如清单 4-14 所示。

清单 4-14　取消 DB2 属性注释

```
1   <!-- Database connection settings for DB2 -->
2   <property name="connection.driver_class">com.ibm.db2.jcc.DB2Driver
    </property>
3   <property name="connection.url">jdbc:db2://localhost:60000/
    opaldb</property>
4   <property name="connection.username">opal_user</property>
5   <property name="connection.password">opal_passwd</property>
6   <property name="dialect">org.hibernate.dialect.DB2Dialect
    </property>
```

注意，读者可以改变属性 connection.url 以指向其他任何一台允许基于 Opal 服务的 JDBC 连接的数据库服务器。如果作为 Opal 服务器的数据库是在同一台机器上，那么此属性值无需改变。

重装 Opal 的命令如清单 4-12 所示。

重启 Tomcat，以使上述修改生效。

4.2.6　DRMAA 用法

确保调度器支持基于 DRMAA API 的作业提交，并确保 libdrmaa.so 在库路径中（可以设置环境变量 LD_LIBRARY_PATH）。这里仅测试 SGE 6.x 中的作业提交。

设置 opal.properties 文件中的属性值，其中属性 opal.jobmanager 设为 edu.sdsc.nbcr.opal.manager.DRMAAJobManager，属性 drmma.pe 为用于提交并行作业的平行环境(PE)的名称。如果不打算提交并行作业，读者可以忽略 drmaa.pe 属性。另外，读者可以选择性地通过属性 drmaa.queue 来设置一个 DRMAA 队列。注意，drmaa.pe 与 drmaa.queue 可以由任意一个基础应用程序的配置文件重写。

重装 Opal 的命令如清单 4-12 所示。

重启 Tomcat 以使上述修改生效。

　　注意，当使用 DRMAA 时，用户无需手动设置从 Opal 服务器提交到主机的输入与输出文件。因而，为了使 DRMAA 作业管理器正确地工作，这些机器必须拥有共享文件系统。此外，值得注意的是，当 Tomcat 的 common/lib 或 server/lib 目录中的 drmaa.jar 版本不同时，DRMAA 将不能正常工作。

4.2.7　Globus 用法

　　将 Globus（特别是 Globus 网关）安装到集群的主节点上。为了保证 Globus GRAM 与 Condor/SGE 之间的通信，用户必须确保已经安装好 Condor/SGE 作业管理器。具体过程可以参看 Globus 网站。这里对 Globus 的版本没有特别的限制，只要能够通过 GRAM 提交作业到 Condor/SGE 即可。本节中所使用的 Globus 版本为 3.2.0。要确保可以通过 Globus 提交作业到 Condor/SGE，特别是使用 Tomcat 服务器的 certificate/key-pair。具体步骤如下：

　　(1) 复制 app_service.cert.pem（认证文件）到 app_service.all.pem。

　　(2) 编辑 app_service.all.pem，并保留行"BEGIN CERTIFICATE"与行"END CERTIFICATE"及其之间的内容，而去除之外的所有内容。

　　(3) 添加 app_service.privkey（非加密的私有密钥）到 app_service.all.pem 之中。

　　(4) 设置环境变量 X509_USER_PROXY 为 app_service.all.pem 所在位置。

　　(5) 用上述代理提交一个测试作业到 Condor 作业管理器，如清单 4-15 所示。如果使用 SGE，则参考清单 4-16。如果该测试作业能够成功运行，则 Globus/Condor (SGE) 能够用来调度作业。此外，用户将不得不添加一个进入 Globus 的 grid-mapfile 文件的入口，以授权启动作业的服务，如清单 4-17 所示。

清单 4-15　提交测试作业到 Condor

```
1    globus-job-run "hostname:2119/jobmanager-condor" "/bin/ls"
```

清单 4-16　提交测试作业到 SGE

```
1    globus-job-run "hostname:2119/jobmanager-sge"
```

清单 4-17　启动作业的服务授权命令示例

```
1    "/C=US/O=grid-devel/OU=sdsc/CN=app_service" app_user
```

　　设置文件 opal.properties 中的属性值，其中 globus.gatekeeper 设为 Globus 网关的 URL，globus.service_cert 为服务器认证所在的位置，globus.service_privkey 为服务器的非加密的私有公钥的所在位置。

　　如果想要提交 Globus 作业到本地集群，用户需要设置属性 opal.jobmanager 为 edu.sdsc.nbcr.opal.manager.GlobusJobManager；如果提交到远程集群，该属性值需要设为 edu.sdsc.nbcr.opal.manager.RemoteGlobusJobManager。如果想要使用远程 Globus 作业管理器，用户需要设置 globus.gridftp_base 为暂存文件位置的基本 URL。

重装 Opal 的命令如清单 4-12 所示。

重启 Tomcat 以使上述修改生效。

4.2.8　Condor 用法

根据 Condor 手册[59]创建一个可工作的 Condor 池。经过测试，版本 7.0.5 的 Condor 可以正常使用，但是对于最新版本的 Condor，还需读者自行测试。此外，读者还需通过提交与监控作业来测试 condor_submit 与 condor_status 等命令，并确保这些命令在 Opal 的用户路径中。

设置文件 opal.properties 中的属性值，其中属性 opal.jobmanager 的值设为 edu.sdsc.nbcr.opal.manager.condorJobManager，属性 mpi.script 设为 Condor 用于提交并行作业的脚本。读者如果不打算支持并行作业，可以忽略 mpi.script。

重装 Opal 的命令如清单 4-12 所示。

重启 Tomcat 以使上述修改生效。

注意，这里并未测试 Condor 的诸如 Condor-G 等的高级特性。

4.2.9　TORQUE/PBS 用法

遵循 TORQUE[60]网站的说明，安装 TORQUE/PBS，并测试命令 qsub 与 qstat。这里所用的 TORQUE 版本为 2.3.0。

设置文件 opal.properties 中的属性值，其中属性 opal.jobmanager 的值设为 edu.sdsc.nbcr.opal.manager.PBSJobManager。

重装 Opal 的命令如清单 4-12 所示。

确保所有的诸如 qsub，qstat 等 PBS 二进制文件都在用户路径中。

重启 Tomcat 以使上述修改生效。

4.2.10　CSF4 用法

基于 Globus Toolkit 实现的社区调度架构[61]（Community Scheduler Framework，CSF）是一个网格服务集合。它为开发分发作业到资源管理器的元调度提供了一个良好的环境。这里所用的 Opal CSF 的版本为 4.0.5.1。

CSF 插件要求一个来自启动 Tomcat 的用户的有效代理。

设置文件 opal.properties 中的属性值，其中属性 opal.jobmanager 的属性值设为 edu.sdsc.nbcr.opal.manager.CSFJobManager。

在将要使用 CSF4 调度作业的所有机器上创建一个 Opal 目录，并且这些目录在所有的资源上具有相同的名字。在文件 opal.properties 中，将属性 csf4.workingDir 的值设为相对于 CSF4 用户主目录的相对路径。

若 $GLOBUS_LOCATION/etc/globus-user-env.sh 与 $GLOBUS_LOCATION/etc/globus-devel-env.sh 已赋值，那么取消 CLASSPATH 的赋值，如清单 4-18 所示。这是因为 gt4 与 Opal 所使用的库文件将产生冲突。

清单 4-18　取消 CLASSPATH 赋值的命令

```
1  export CLASSPATH=""
```

重装 Opal 的命令如清单 4-12 所示。

在重启 Tomcat 之前，执行清单 4-19 中的代码以确保 Globus 与 CSF4 的环境设置正确。

清单 4-19　确保 Globus 与 CSF4 环境的命令

```
1  source $GLOBUS_LOCATION/etc/globus-user-env.sh
2  source $GLOBUS_LOCATION/etc/globus-devel-env.sh
3  export CSF_CLASSPATH=$CLASSPATH
```

重启 Tomcat 以使上述修改生效。

注意，在应用配置文件中，元素 binaryLocation 需要具有$APPNAME:$BINARY 的形式，如清单 4-20 所示。这是因为 CSF4 能够通过$APPNAME 获取特定资源上的应用路径。

清单 4-20　元素 binaryLocation 所具形式

```
1  <binaryLocation>PDB2PQR:pdb2pqr.py</binaryLocation>
```

4.2.11　元服务用法

Opal 元服务可以用来向各种各样的远程 Opal 服务发送作业。读者可以为特定的 Web 服务定义几个远程主机，并使该服务随机运行在所定义的远程主机中。在以后的版本中，元调度算法将得到进一步优化。

配置文件中的<metaServiceConfig>标签用于定义特定服务的元服务配置的位置，如清单 4-21 所示。

清单 4-21　标签<metaServiceConfig>用法

```
1  <metaServiceConfig>/home/opaluser/meta/pdb2pqr.txt</metaServiceConfig>
```

元服务配置文件包括一行或几行代码。它的每一行包括一个远程 Opal 服务 URL、一个空格，以及远程 Opal 服务上的进程数目。通常用 1 作为系列服务的进程数。清单 4-22 定义了 Pdb2pdr 元服务的远程主机。

清单 4-22 Pdb2pdr 元服务远程主机定义示例

```
1  http://kryptonite.nbcr.net/opal2/services/pdb2pqr_1.7 1
2  http://ws.nbcr.net/opal2/services/Pdb2pqrOpalService 1
```

4.2.12 编写作业管理器

如果 Opal Toolkit 提供的工作管理器不能满足需求,读者可以按照自己的需求编写特定的作业管理器。本节将给出一个简单的示例。

为了编写 Opal 作业管理器,读者必须实现 edu.sdsc.nbcr.opal.manager. OpalJobManager 接口。对于每一个运行的应用程序,都要创建一个作业管理器。接口 OpalJobManager 有 6 个必须实现的方法。

initialize 方法通过设定属性列表、应用程序配置,以及一个可选句柄来初始化作业管理器。所有作业管理器的属性必须放置在 $OPAL_HOME/etc/opal.properties 中。Opal 将从 opal.properties 中解析所有的属性值,并使它们在作业管理器中生效,如清单 4-23 所示。

清单 4-23 initialize 方法示例

```
1  /**
2    @param props the properties file containing the value to configure
   this plugin
3    @param config the opal configuration for this application
4    @param handle manager specific handle to bind to, if this is
   a resumption.
5    NULL, if this manager is being initialized for the first time.
6    @throws JobManagerException if there is an error during
   initialization
7  */
8  public void initialize(Properties props, AppConfigType config,
   String handle) throws JobManagerException;
```

destroyJobManager 方法用于清除销毁的作业管理器——所有占用的资源应当被释放,如清单 4-24 所示。

清单 4-24 destroyJobManager 方法示例

```
1  /**
2    @throws JobManagerException if there is an error during destruction
3  */
4  public void destroyJobManager() throws JobManagerException;
```

launchJob 方法用于按照给定的参数启动作业。输入文件已由服务实例化完成，并且作业管理器的实例化将假设这些文件已在正确位置，如清单 4-25 所示。

清单 4-25　launchJob 方法示例

```
1  /**
2     Launch a job with the given arguments.
3     @param argList a string containing the command line used to launch
       the application
4     @param numproc the number of processors requested. Null, if it
       is a serial job
5     @param workingDir String representing the working dir of this
       job on the local system
6     @return a plugin specific job handle to be persisted by the service
       implementation
7     @throws JobManagerException if there is an error during job launch
8  */
9  public String launchJob(String argList, Integer numproc, String
     workingDir) throws JobManagerException;
```

waitForActivation 方法将阻断作业，直到作业已经开始执行。Opal 以该信息来收集作业统计值，如清单 4-26 所示。

清单 4-26　waitForActivation 方法示例

```
1  /**
2     @return status for this job after blocking
3     @throws JobManagerException if there is an error while waiting
       for the job to be ACTIVE
4  */
5  public StatusOutputType waitForActivation() throws JobManagerException;
```

waitForCompletion 方法将阻断作业，直到应用执行完成，如清单 4-27 所示。

清单 4-27　waitForCompletion 方法示例

```
1  /**
2     @return final job status
3     @throws JobManagerException if there is an error while waiting
       for the job to finish
4  */
5  public StatusOutputType waitForCompletion() throws JobManagerException;
```

destroyJob 方法将销毁一个正在运行的作业，如清单 4-28 所示。

清单 4-28　destroyJob 方法示例

```
1  /**
2   @return final job status
3   @throws JobManagerException if there is an error during job destruction
4  */
5  public StatusOutputType destroyJob() throws JobManagerException;
```

读者可以从 Javadocs 中获取更多的 Java 类信息，如清单 4-29 所示。

清单 4-29　获取 Java 类信息的命令

```
1  ant api-docs
```

清单 4-29 中的代码将生成 Opal API 文档。读者可以从 $OPAL_HOME/docs/api/index.html 处阅读该文档。

此外，建议读者在$OPAL_HOME/src/edu/sdsc/nbcr/opal/manager 目录内实例化自己所需的作业管理器。在该目录下，读者不难发现其他的作业管理器，这些作业管理器是默认存在的，如 ForkJobManager。读者可以编译，并在 Tomcat 内安装自己的作业管理器，相关命令如清单 4-30 所示。

清单 4-30　编译并安装作业管理器命令

```
1  ant compile
2  ant install
```

4.3　本 章 小 结

本章首先简单介绍了 NBCR 项目的相关状况，而后重点介绍该项目组开发的生物医学网格工具包 Opal Toolkit。利用该工具包，读者可以在几个小时内将科学应用程序部署成 Web 服务，而后通过通用 Web 服务 API 运用科学应用程序的相关功能。这在一定程度上降低了向网格资源提交计算作业的复杂性，方便了网格资源的广泛利用。此外，Opal 中的服务支持 Java、Python、Perl、JavaScript 等多种编程语言，以及 Windows、UNIX 平台的访问。

与 Globus GRAM 比较起来，Opal 更具有优势。不仅因为 Opal 部署应用的快速与便捷，还因为已经部署成服务的应用可以直接作为服务被其他用户使用。另外，Opal 的用户无需创建账户，也不需要自己进行数据管理。

种种迹象表明，Opal 具有更好的用户体验，是搭建网格平台的一个不错的选择。

第 5 章

CGSP

5.1 简　　介

ChinaGrid 公共支撑平台 CGSP（ChinaGrid Support Platform）是为 ChinaGrid 的建设和发展而研制的网格核心中间件[62]。CGSP 基于当前 CERNET[63]网络及将来 CERNET 高速传输网，提供了一套完整的网络服务支撑平台。它对教育和科研系统中的各种资源进行整合，屏蔽网格资源的异构性和动态性，为各种科学计算与工程研究提供高性能、高可靠性、安全方便的透明网格服务，形成一套面向 CERNET 的公共网格服务体系[64]。

5.2 目　　标

CGSP 项目围绕中国教育科研网格 ChinaGrid，提供基础性研究和技术开发实验环境，攻克了网格计算及其重大应用的基础性技术和关键技术，进一步推动并实现了产业化的总体目标。CGSP 的建设目标[65]是：依托 CNGI 最大的核心网 CERNET2，ChinaGrid 公共支撑平台 CGSP 将实现大规模高性能的计算网格应用（生物信息、图像处理、计算力学）、数据网格应用（海量信息处理）和远程教育网格应用（大学课程在线），应用规模涉及全国 16 座城市的 20 所高校，聚合计算能力达到 30 万亿次，集合存储能力达到 200TB。

CGSP 的主要目的是使用网格技术将 CERNET 上分散、异构、局部自治的巨大资源整合起来，通过有序管理和协同计算，消除信息孤岛，发挥综合效能，实现资源的广泛共享、有效聚合、充分释放，提供高效的计算服务、数据服务和信息服务等[66]。

5.3 系统主要结构

5.3.1 服务容器

网格服务容器在 WS Core[67]的基础上实现，并增加了 WSRF[68, 69]服务的远程部署和热部署。服务容器对外提供部署 API，部署工具通过服务容器提供的 API 向用户提供方便的部署功能，开发人员利用部署工具将自己开发的网格服务部署到本地或者远程的服务容器所在的网格节点之中。经过部署之后，网格服务可以被用户所访问。

针对 CGSP 的应用需求，服务容器以 GT 4.0.1[70]为基础，从基本容器功能和基础服务两个方面进行扩展，具有以下特点。

1. 服务热部署和远程部署

服务部署主要指的是将服务开发者开发的网格服务放置于服务容器所在的网格节点的过程，经过部署之后，网格服务可以被用户访问。服务容器对外提供部署 API，不仅支持服务的本地部署，同时也支持远程部署。部署工具通过服务容器提供的 API 向用户提供方便的部署功能，开发人员利用部署工具将自己开发的网格服务部署到本地或者远程的服务容器之中。

2. 部署事务处理

CGSP2.0 容器的事务处理功能主要保证部署过程中服务本身的原子性，从而使服务容器能够稳定的提供动态热部署功能。此外，考虑到 Grid Service[71]相关特征如下。

（1）长时间运行。这个特性提高了 Grid Service 冲突的可能性，并且服务出错后也难以恢复。

（2）分布式。一个事务可能由多个子事务组成，子事务间也可能前后相关。

（3）并发控制。需要有瞬时和延时两种模式的并发控制。

3. 资源监控

服务容器是网格服务的运行时环境，系统的存储、CPU 等信息对于网格服务的运行以及网格任务的处理具有很大的影响，服务容器必须向外提供本节点系统信息的状态报告。

5.3.2　信息中心

为 CGSP 各个模块提供信息服务，它是整个网格平台中的核心组件。信息中心所提供的信息是其他模块功能实现的基础，也是进行网格应用开发和使用必不可少的组件。作为 CGSP 的信息服务部分，信息中心负责组织网格中的信息资源，同时监视资源的有效性，并为用户提供一套发现资源的机制。它具备了一个良好的信息服务系统所必备的信息的可用性、信息的一致性以及信息查询的高吞吐率和快速响应。

在 ChinaGrid 这样的网格环境中，分布在全国范围内的各个学校将提供数量巨大的各种形式的资源，包括服务、超级服务、计算节点、图形显示设备等，并且这些资源的状态和有效性都会不停的变化。针对资源的分布性、异构性、开放性、动态性和数量巨大等特点，ChinaGrid 信息服务在下列方面具有科学性和先进性。

1．采用 XML 相关技术描述和查找资源

ChinaGrid 信息服务采用 XML[72]描述资源，充分利用 XML 的结构化、层次化和自包含的特点，为描述具有复杂属性的资源提供了方便而自然的手段，同时可以方便的表示资源间的包含关系并按不同层次组织信息发布。为了统一资源提供者和资源使用者对信息描述方式的一致性，ChinaGrid 信息服务采用 XML Schema[73]定义一个类型的资源，并提供专门的服务接口对这些 Schema 定义进行管理。领域专家和计算机专家可以利用这些服务接口根据实际情况灵活地修改和添加资源的描述方法。用户使用标准的 XPath[74]查询语言可以方便地查找自己想要的任何信息。该技术很好地解决了资源的多样性、开放性和异构性的特点，可以为任意资源提供信息。

2．提出全局资源文档概念，为用户提供全局资源视图

ChinaGrid 信息服务将 ChinaGrid 中所有的资源按照层次关系组织为一个虚拟的全局资源文档。该文档并不真实存在，而是由散布在各个域、各个节点上的信息组成的逻辑上的文档。用户可以基于该文档进行 XPath 查询来查找资源，这时信息服务由自主开发的分布式 XPath 查询引擎支持，将查询请求分解并发送到各个域、各个节点，并收集和组织结果返回给用户，使得该查询请求得到的结果和在真实存在的文档上的查询结果一致。同时在该分布式 XPath 查询引擎内部，使用副本和缓存等机制，加快查询速度，提高并发访问能力。由于网格环境中资源分布在不同的地域，不同的网段由不同的策略管理，而且资源的数量巨大，状态更新频繁， 单一利用传统的资源信息聚合技术已经很难在提供全局视图的情况下保证查询性能和信息的有效性，而该技术创造性地解决了这些难题。

3．提供用户视图

ChinaGrid 信息服务可根据用户的身份和权限，与 ChinaGrid 安全模块结合，给出相应的用户视图。在 ChinaGrid 中，资源的提供者可以定义该资源的访问列表，信息服务将根据资源的访问列表将用户不能访问的资源过滤掉。这样信息服务增强了资源的安全性，并提高了资源调度的成功率。

5.3.3　域管理

为了提供一个灵活的、可扩展的功能，网格域管理采用了三层结构设计，包括客户端层、服务层和数据层，其总体结构如图 5-1 所示。

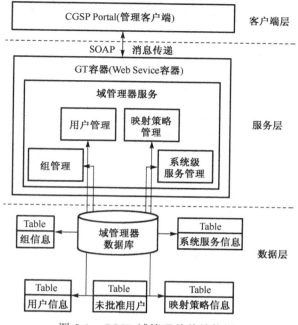

图 5-1　CGSP 域管理总体结构图

1. 客户端层

客户端层通过 Web 页面方式负责向用户提供功能接口,用户可以使用这些接口发出请求来完成用户想进行的操作。在 CGSP 中,用户指 CGSP 系统所面向的使用者,是使用 CGSP 系统服务与资源的客观主体,一般分为管理员与普通用户两种身份。CGSP 中 Portal 模块承担了域管理客户端的图形化工作,为用户提供了一个友善的人机交互界面。

2. 服务层

服务层是域管理功能实现的主体部分,所有从客户端层传递来的操作请求都会由对应的服务功能模块所响应。域管理服务层所提供的服务包括用户管理、组管理、映射策略管理与系统级服务管理。各个服务将在下节进行详细描述。CGSP 中域管理的功能通过 Web Service[75]的方式实现,所有客户端与服务端之间的交互信息以 SOAP[76] (Simple Object Access Protocol) 消息的方式传递。

3. 数据层

数据层是域管理最重要的部分,所有的用户信息、组信息、映射策略等敏感数据都会存储在这一层上,以数据库的形式存放,通过不同的数据表加以区分。只有系统管理员才拥有数据库的访问权限，所有的用户请求只能通过服务层的转达才能访问数据。

总的来说，该模块具有如下特点。

(1) 借助域管理的身份映射功能，将物理组织与虚拟组织视为一个统一的管理视图，将虚拟组织中原属于不同域的资源与用户映射为同一物理组织内的资源与用户，利用物理域原有的管理机制统一管理，简化了系统设计。弥补了以往的网格设计中，通常将虚拟组织与物理组织作为两种不同的模式进行管理，设计较为复杂的不足。

(2) 域管理采用三层结构设计，包括客户端层、服务层和数据层，实现一个灵活的、可扩展的系统构架。

(3) 域管理采用三层结构可以将数据的存储与服务实现分开，服务的崩溃不会导致数据的丢失或损坏，同时可以对数据进行单独的保护，增强了域管理的可靠性与安全性。

(4) 域管理功能实现的主体部分服务层采用了 Web Service 的方式实现，所有客户端与服务端之间的交互信息以 SOAP 消息的方式传递，可以屏蔽底层协议的差异。

5.3.4　执行模块管理

执行模块管理是 CGSP 的核心功能模块，在资源的易用性方面起着关键的作用。它提供一致、协调的资源访问接口，能自动地对网格应用的资源需求与网格可用资源进行匹配，从而使得上层的网格应用能方便地访问底层资源，而不需要了解底层各类资源的物理位置和接入机制。执行管理模块负责提交、调度、管理和监控被用户启动的作业。它提供统一的作业提交和监控接口，提供分布式工作流引擎管理和引擎负载均衡。

该模块具有如下特点。

(1) 支持 JSDL[77](Job Submission Description Language)方式的作业提交：JSDL 是 GGF[26](Global Grid Forum) 在 2005 年提出的一个标准，主要用来标准化各个网格中的作业提交描述语言。提供对 JSDL 方式作业提交的支持将有利于同其他网格之间进行交互。

(2) 支持服务调用的调度：CGSP 执行管理模块提出了一种基于超级服务(Hyper Service)的服务调度机制。将服务的功能抽象成一种超级服务，由执行管理根据用户对服务的请求信息动态地将超级服务与一个具体的物理服务进行绑定，最后完成服务的调用。

(3) 支持工作流作业的执行：CGSP 提供基于 BPEL[78](Business Process Execution Language)规范描述的工作流作业的执行。利用 BPEL 描述多个服务之间的交互方式，CGSP 的执行管理支持将多个原子作业之间的交互描述为一个 BPEL 流程，这个 BPEL 流程被部署到 BPEL 引擎中产生出一个 Web 服务。通过调用这个复合的 Web 服务来完成工作流的执行。

（4）支持跨域作业的执行：CGSP 作为 ChinaGrid 的主要公共支撑平台将 ChinaGrid 各个主要节点进行连通。CGSP 的执行管理模块通过内部对跨域作业的支持，允许将一个域中的作业调度到另一个域中执行。这样就可以无缝的支持作业在整个 ChinaGrid 平台上的执行，允许各个域之间进行资源共享和作业协同。

（5）支持类似集群架构的分布式工作流引擎：由于网格中可能并发执行大量的工作流作业，并且单个工作流作业可能持续很长时间，所以工作流引擎的负载可能很高。通过使用这种类似集群架构的分布式工作流引擎，工作负载会自动地被均衡到各个工作流引擎上面，并且支持 BPEL 引擎的动态加入和退出。

（6）支持利用 BPEL 对 WSRF 服务进行复合：由于在网格中大量的服务是有状态服务，即大部分实现为 WSRF 服务。而 BPEL 现在主要被用来复合普通的 Web 服务。CGSP 执行管理通过对 BPEL 引擎进行扩展，实现了 BPEL 引擎对 WSRF 服务的扩展，使得 BPEL 引擎可以复合 WSRF 服务。

（7）支持 GRS[79]（General Running Service）应用封装和动态部署：已经存在的网格系统将大部分的注意力放在了计算资源的包装和管理计算资源上面，很少提到管理遗留应用资源。大部分存在的系统需要手工或半手工方式的软件组件部署。CGSP 中的执行管理提出的 GRS 遗留应用包装被用来将那些需要特殊、复杂的宿主执行环境的遗留二进制程序的资源进行打包，允许其动态地部署到 GRS 中。GRS 应用封装并解耦了领域专家和应用使用者的角色。

5.3.5　数据管理系统

数据服务的整体设计框架图如图 5-2 所示。

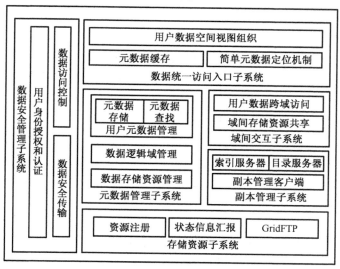

图 5-2　CGSP 数据服务总体架构图

1．存储资源

存储资源提供存储空间，负责完成客户端与存储系统之间的数据传输以及不同存储资源之间的数据迁移，同时存储资源还负责向物理域管理注册可用存储资源，以及向物理域管理定期汇报存储资源的状态信息，如剩余存储空间、CPU 使用率、内存使用率、网络状况等信息。目前采用的汇报机制是使用频率为 45 秒的心跳汇报机制，当存储资源由于各种原因不可达时，存储资源服务将该存储资源标记为不可用。目前存储资源为一个 GridFTP Server。

2．存储资源代理

存储资源代理提供存储资源注册的服务，负责存储资源状态信息的收集。同时，可供管理员选择合适的存储资源，创建所需的存储资源集供特定应用或需求访问。当用户发起上传请求时，根据资源选择策略选择合适的存储资源返回给传输模块，以供用户进行实际物理传输，当用户发起下载请求时，根据与元数据管理模块交互的结果获得实际物理文件的存储位置，进行文件下载。

存储资源代理还负责心跳检测底层存储资源的状态，存储资源代理的心跳检测间隔为 1 分钟，当底层存储资源在 1 分钟内无法向存储资源代理进行汇报时，将该存储资源从存储资源列表中删除。

当用户进行物理文件的删除时，如果用服务进行物理文件的删除，将会是非常大的开销，因此，将物理文件的删除工作移到存储资源上进行，当存储资源向存储资源代理进行心跳汇报时，存储资源代理向该存储资源返回在该存储资源上欲删除的文件列表信息。

删除文件列表信息以 XML 文件形式表示，如清单 5-1 所示。

清单 5-1　删除文件列表信息的 XML 文件格式

```
1   <?xml version="1.0" encoding="UTF-8"?>
2   <Delete>
3    <deleteFile>d://temp//11.doc</deleteFile>
4    <deleteFile>d://temp//12.doc</deleteFile>
5    <deleteFile>d://temp//13.doc</deleteFile>
6    <deleteFile>d://temp//14.doc</deleteFile>
7   </Delete>
```

3．副本管理

CGSP 数据管理的副本机制属于 CGSP 数据管理的后台支撑机制。设计副本机制的目的在于两个方面，一是提供数据传输和存储的性能支持，二是提供灵活的副本管理架构。

数据传输和存储的性能支持：通过副本机制，数据管理模块可以在不同的存储资源上创建同一个数据文件的多个副本。从数据传输的角度看，基于数据管理的应用层并行传输机制，在传输数据时，可以从该文件的多个副本的不同偏移开始进行并行传输，从而充分利用带宽，提高数据传输的效率；从数据存储的角度看，对同一数据文件做多个副本备份，提高了该数据文件的可靠性。

灵活的副本管理架构：CGSP 的副本机制基于已有的数据管理核心服务，在提供一套基本的副本创建和获取流程的基础上，为加入更多副本策略提供支持。

4. 元数据管理

在数据网格中可以定义两种资源。一种是数据资源，表示应用和用户访问的数据本身，可以为文件、数据库、多媒体资源等；另外一种是存储资源，表示存储数据资源的介质，可以为 FTP 服务器、GridFTP 服务器、数据库服务器等。在网格环境中，很多应用都有大量的数据分布在多个不同的执行节点之上，有时一部分数据资源可能被多个作业同时访问，有时需要同时在多个存储资源上进行数据存储来共同完成一个作业。数据的存储、定位、共享和管理成为数据网格需要考虑的重要问题，为了统一管理这些资源，必须有一个有效的元数据管理机制。

网格公共支撑平台数据管理中的元数据是指用来描述物理资源的数据，比如一个物理文件的文件长度、文件类型、访问权限、逻辑文件名、物理文件名等，或者一个物理存储资源的类型、文件访问协议、存储空间大小等。网格公共支撑平台的数据管理基于元数据管理为用户提供一个统一的用户数据视图，实现了对用户数据命名的透明性、定位的透明性、协议的透明性和数据访问时间的透明性。数据管理中每个用户都拥有自己的数据空间，可以在这个逻辑空间中方便地发布、查询、访问、共享数据资源，同时也能方便地将存储资源发布到数据中心去。

数据管理中的元数据管理是一个非常重要的核心部分。一方面它为用户访问其空间内的数据资源提供一个前端的支持。通过元数据管理，应用在自己定义的数据资源管理策略下，组织和管理自己的数据，并通过元数据管理的定位，建立用户到底层的存储资源或存储资源之间的连接，进行物理数据的传输。另一方面它为管理存储资源提供一个方便的接口，通过应用自己定义的存储资源管理策略，完成存储资源的发现、发布、共享、管理等。元数据管理的中间件层类似于一个操作系统，提供对各种元数据管理策略的支持，其核心只完成元数据命名规则的定义、元数据服务器的组织、分布式扩展，并根据应用工具层提供的元数据管理策略完成元数据的定位、发布和元数据到物理数据的映射等。

5. 数据访问客户端及 Portal

数据访问客户端提供用户或其他模块访问 CGSP 数据空间中数据文件的能力，

包括上传，下载文件或文件夹、跨域数据传输、副本创建、数据传输任务管理、传输状态的统计及图形化显示。

目前访问 CGSP2 中的数据有三种途径。

(1)通过 Portal，在 Portal 上直接进行文件的上传下载操作，由于页面和本机交互的限制，在 Portal 上只能进行文件级别的上传下载操作。

(2)GRS，GridPPI，HDB（Heterogeneous DataBase）模块使用，该部分支持文件操作，文件夹的上传下载、任务的中止、多个任务的并行传输、跨域的数据传输功能，但不提供断点续传和传输任务的管理功能。

(3)基于 SWT 图形界面的图形客户端可供终端用户使用，该图形界面客户端通过在 Portal 上下载一个 GridTorrent 文件来和元数据管理服务、存储资源代理进行交互，提供图形界面的任务管理、统计、断点续传等功能。

针对 Portal，GRS，GRIDPPI，HDB 模块，提供 Jar 包供其使用，可在程序中直接使用代码进行调用，通过和信息中心的交互，完成跨域数据传输。

图形界面客户端提供了完整的基于图形界面的任务传输工具，该工具基于 SWT 设计，提供了对传输任务的管理、统计、图形化显示等功能。

6. GridTorrent 文件

为映射虚拟文件和实际物理存储文件，定义了一种 XML 描述语言文件——GridTorrent 文件，该文件描述了虚拟文件和实际物理存储文件的映射关系，元数据服务地址，文件的状态描述信息等。

GridTorrent 文件的格式如清单 5-2 所示。

清单 5-2　GridTorrent 文件的格式

```
 1   <?xml version="1.0" encoding="UTF-8"?>
 2   <TORRENT>
 3    <TORRENTFLAG>true</TORRENTFLAG>
 4    <TORRENTNAME>d:/msn2.exe</TORRENTNAME>
 5    <INFOCENTER_URL>http://10.0.2.45:9902/wsrf/services/
     UserSpaceService</INFOCENTER_URL>
 6    <CREATION_DATE>1147833611312</CREATION_DATE>
 7    <COMMENT>Generated By CGSP</COMMENT>
 8    <CREATED_BY>qa</CREATED_BY>
 9    <LOCALFILENAME>msn.exe</LOCALFILENAME>
10    <LOCALDIR>C:\Documents and Settings\Administrator\桌面\</LOCALDIR>
11    <REMOTEFILENAME>msn.exe</REMOTEFILENAME>
12    <REMOTEDIR>/msn/</REMOTEDIR>
```

```
13    <SLICEINFO FILENUM="1" LENGTH="14230752" TYPE="file">
14     <FILE LENGTH="14230752" NAME="msn.exe" SLICENUMBER="1" SN="0">
15      <SLICE BEGINPOS="0" CURPOS="14230752" ENDPOS="14230751"
        LENGTH="14230752" SN="0">
16       <SLICEURL DIR="/usr/store/"
17        IP="10.0.2.46" NAME="4F56B3A3-9376-3E19-38C9-9AF7231494AB"
18        NETWORK="0" PORT="2811"/>
19      </SLICE>
20     </FILE>
21    </SLICEINFO>
22   </TORRENT>
```

针对 CGSP 的数据应用需求，数据模块的主要特点如下。

（1）以标准 WSRF 服务形式包装用户空间管理，存储服务管理和文件传输管理。

（2）提供虚拟的文件系统视图，并提供了常用的文件系统操作接口，方便用户在虚拟文件系统中进行数据的各项操作。

（3）实现了数据的分页显示，提供了缓存机制保证用户的操作效率。

（4）以心跳形式来维护底层存储资源的状态。通过心跳形式来维护底层存储资源和存储资源管理之间的关联。

（5）动态收集存储资源的各种信息。在两个存储资源之间发起第三方的数据传输控制命令，进行副本的三方传输。

（6）以自定义的 GridTorrent 文件形式来描述传输任务、支持文件、文件夹级别的上传下载操作，GridTorrent 文件是一种 XML 描述语言文件，当发起文件传输时，根据用户空间管理服务和数据资源管理服务得到虚拟文件和实际物理文件的映射关系，生成 GridTorrent 文件，由传输客户端进行解析、传输。

（7）以 GridFTP 协议作为底层传输协议，保证了传输的可靠性和高效性，实现了跨域的数据传输，定义了 CGSP2 虚拟地址，通过和信息中心的交互，实现在不同域之间平滑的数据传输。

5.3.6　异构数据库

CGSP 的异构数据库平台（CGSPHDB）是基于 ChinaGrid 公共支撑平台（CGSP），将各类异构的、分布的和具有复杂数据结构的数据库资源进行统一集成，从而实现广域范围内数据资源的共享和协作。从体系结构上讲，CGSPHDB 具有可扩展、灵活多变和面向服务的特点，主要包括底层物理数据资源、OGSA-DAI[80]核心平台、CGSPHDB 执行引擎和网格异构数据库集成应用等四层，如图 5-3 所示。依赖网格基础支撑平台 CGSP，异构数据库平台可以将高校和研究机构的各领域内的典型数据资源集成起来，并对用户提供统一的访问接口和透明的网格环境，从而共享各领域内丰富的数据资源，对用户提供各领域如生物信息、计算化学等的典型应用服务。

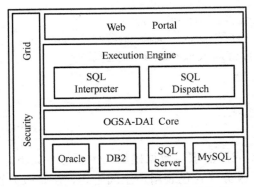

图 5-3　CGSP 异构数据库总体结构图

　　网格数据资源涵盖了各高校和研究机构内相关领域的物理数据资源，这些资源原本在逻辑上是独立的，且分布在不同地理位置，归属于不同的科研机构，并且都有各自的资源管理机制和策略，我们不可能对所有已经存在的数据资源采用相同的方式和管理策略来重新部署，所以我们只能在此基础上利用网格基础支撑平台CGSP 对不同的物理数据资源进行虚拟化，它提供了一套完整的网格基础服务，可以对各种资源进行整合，屏蔽网格资源的异构性和动态性，从而向用户提供透明的访问。通过 CGSP 对这些物理数据资源进行统一的封装、集成、管理和发布，以服务的形式提供给用户和科研人员使用，可以方便他们之间的协同工作，共享他们的研究结果数据，消除数据资源孤岛，提高资源的利用率。

　　CGSPHDB 具有如下特点。

　　(1) CGSPHDB 基于 OGSA-DAI 的框架和基础设施的设计与实现之上，是具有可行、灵活、高效及面向服务等特性的异构数据资源集成的支撑平台，并以统一的接口去访问异构数据资源，为用户提供了一个透明的网格应用环境。

　　(2) CGSPHDB 引入虚拟表的概念来组织和虚拟化各种异构数据资源，屏蔽各个数据资源的异构性和地理位置的分布性，以统一的方式共享数据资源，消除数据资源孤岛，并动态地协调和控制对数据资源的共享，提高数据资源的利用率。

　　(3) CGSPHDB 提供强有力的执行引擎来保证整个系统的可靠性、强壮性和易用性。它对于查询请求的解析和优化，提高了整个系统的性能。

　　(4) CGSPHDB 改进整个系统的内部流机制，并针对大数据量的应用提供异步传输机制，提高了整个系统的效能和增强了整个系统的稳定性。

5.3.7　网格门户

商业应用中的 Portal 是一个基于 Web 的应用程序，与普通的 Web 程序相比，它有效地组织信息，提供一个方便的视图。Portal 的核心技术是提供了一种实现信息组织的标准机制，如 Portlet 机制，辅之以成熟的安全机制和系统集成技术，实现一种全新的 Web 程序。Portal 的三个重要特征是个性化定制、单点登录与外部系统整合。

网格在动态、异构、自治的环境中，致力于为用户提供透明的联合计算能力。动态性是网格的重要特性，包括硬件、软件的各种网格资源，可以持续地整合进网格系统，这也是网格相比其他分布式系统的主要优势。网格 Portal 要能提供良好的使用网格中间件的入口，更重要的是必须适应网格中应用的变化。与普通的 Web 应用和商业 Portal 相比，网格 Portal 基于网格中间件与网格资源。

网格门户是使用网格系统的入口，CGSP 网格门户提供了对 CGSP 关键服务和网格资源的访问方法。通过网格门户，可以管理网格中的数据和存储资源，可以浏览网格中的所有信息，可以向网格系统提交作业，可以使用统一的方法存取异构数据库，也可以将新的网格应用整合入系统，调用新的服务。

从横向的角度看，Portal 由几个层次构成：

（1）系统服务访问层：本层由底层元服务管理模块构成，元服务管理模块封闭了 CGSP 的各系统服务的桩程序，将桩程序封装为更易于使用的客户端程序，并将这些客户端程序统一管理起来，便于上层模块的使用，也便于 Web 应用的构建。

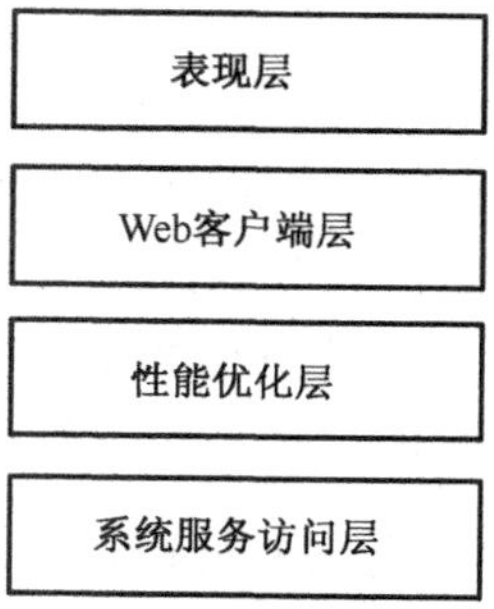

（2）性能优化层：由于系统是基于 Web 服务技术的、广域网上的分布式系统，因此网格系统的性能将受到不确定因素的影响，Portal 为了改善用户体验，

图 5-4　CGSP Portal 层次结构

缓解系统性能压力，设计与实现性能优化层次，通过缓存与多线程技术缩短 Portal 响应时间，减轻网络与机器的负载。本层利用系统服务访问层访问系统服务，为表现层与 Web 客户端层提供高性能的调用服务。

（3）Web 客户端层：各系统服务提供的客户端的输入与输出及生命周期都适用于普通的 Java 应用程序，而在 Web 应用程序中，页面的输入是用户的页面请求与用户会话中的数据，输出则是页面执行之后的反应。此外，一些客户端的输入输出信息不是面向表现层，而 Portal 中的页面是直接呈现给用户的，因此，底层的客户端不能很好地满足 Web 应用的要求。本层将普通的客户端封装为 Web 的客户端，为表现层提供服务。

（4）表现层：表现层是用户访问网格系统的入口。为用户提供友好方便的使用界面。表现层通过动态页面等多种表现技术实现。表现层利用 Web 客户端调用底层服务，显示底层服务传回的 XML 文档，向最终用户提供服务。

对于传统应用程序的集成，本系统设计了一种作业描述文档表示传统程序，围绕这个作业描述，来构建可重用网格应用的流程；对于以服务形式展现的网格应用，设计并实现了一种根据其 WSDL[81]即时调用的方法。利用上述两方面的访问机制，使网格 Portal 可扩展地适应新的网格应用。

传统软件整合机制通过定义良好的 Schema 减轻了网格应用的开发复杂和重复劳动问题。一个良好的用户作业定义可以无限多次地生成作业调用界面，成为可重用的网格应用。该方案可以迅速地整合底层成熟网格程序，以领域用户为核心，新的网格应用可以用配置而不是编程的方式加入网格系统，无需开发人员的参与，自适应地构建面向某一领域的应用网格。

与传统的基于桩程序的服务调用方法相比，网格应用服务的动态调用方法使用桩程序调用服务，以编程的方式完成调用，是面向开发人员的服务调用方法。

本系统的调用方法是直接面向最终用户的。在一些环境下，本系统的面向用户特性，可以发挥重要的作用。如可以减轻开发人员的重复劳动，对于简单交互的 Web 服务，用户即查即用，迅速得到需要的结果，方便了 SOA[82](Service-Oriented Architecture)环境下的用户体验。与利用桩程序生成调用界面的方法相比，本系统无需桩程序，在线完成生成调用描述，生成访问界面，调用服务等一系列工作，减少了系统管理和维护的开销。此外，本方法可以适应更多类型的 Web 服务，WSRF 服务由于端点引用的影响，使用桩程序不易生成调用界面，本系统的方法通过对 WSDL 的分析，可以较好地解决这个问题。

5.3.8　网格并行接口

网格并行接口基于 ChinaGrid 公共支撑平台将各类服务和资源看作是整个网格系统框架下的统一的服务形式。从体系结构上讲，网格并行接口通过一个到 CGSP 的适配器来以一个统一的视图和调用方式调用 CGSP 的各种核心服务，以及部署在 CGSP 平台内部的各种服务和资源。

网格资源涵盖了整个图像处理网格平台上的所有计算资源，是各种网格系统的硬件集成，包括地理分布的提供高计算力的集群、工作站、高性能计算机，提供存储能力的数据库、海量存储器以及各类仪器设备。这些资源在逻辑上是孤立的，只有针对这些资源进行统一的封装、集成、管理和发布，以服务的形式提供给上层系统使用，才能实现广域计算资源的有效共享。

ChinaGrid 的各类网格资源地理分布不同，形态各异，而且每个资源都归属于不同的高校和不同的研究机构，都有各自的资源管理机制和策略，在 CGSP 内部使用逻辑上的"域"来表示。我们不可能对所有资源采用相同的方式和制度统一进行管理,只能在此基础之上利用软件方法屏蔽其异构特点,向用户提供透明的访问。CGSP是为 ChinaGrid 的建设和发展而研制的网格核心中间件,CGSP 基于当前 CERNET网络及将来 CERNET 高速传输网,提供了一套完整的网格服务支撑平台。它对教育和科研系统中的各种资源进行整合,屏蔽网格资源的异构性和动态性,提供构建网格基础环境的一系列基本服务,包括通信、信息服务、资源的协同分配、存储访问、作业和数据管理、信息安全等,为各种科学计算与工程研究提供高性能的、高可靠性的、安全方便的透明网格服务,形成一套面向 CERNET 的公共网格服务体系。网格基础平台独立于具体的应用领域,为各种网格应用提供具有共性的基础支撑服务和环境。

CGSP 的入口包括适于普通用户使用的简单操作形式的网页形式的门户系统(Portal)和为了适应大规模的复杂程序逻辑而提供给程序员调用的并行程序库。通过这个程序库,程序员能够调用 CGSP 底层的各种系统服务、普通服务和资源。整个网格并行接口的架构主要包括并行工作环境(GridPPI Task)、并行库(GridPPI Parallel Library)和 CGSP 的适配器(To-CGSP Adapters)。它们与整个 CGSP 和网格系统的关系如图 5-5 所示。

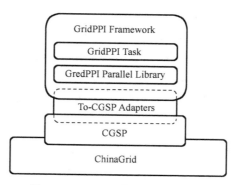

图 5-5　CGSP 网格并行接口架构

1. 网格并行工作环境

给程序员提供一个使用 GridPPI 的基本原型。在这个原型中,包含了 CGSP 系统服务的客户端和所有并行库的接口。通过这个原型,程序员能够方便地调用 CGSP的各种系统服务和资源,也可以使用底层包装好的各种并行操作。

用户在使用的时候,只需要对这个类进行扩展,来构造自己需要的各种操作。在运行的时候,GridPPI 运行环境将会根据用户的设定加载用户编写的程序,通过调用底层的各种并行库或者服务来完成所需要的工作。

2. 并行库

此并行库是整个 GridPPI 架构并行部分的核心，所有并行操作的实现都会在这个部分完成。类似于 MPI 提供的并行功能，在此并行库中，实现了并行通信的一个完整子集，包括：同步/异步通信，点对点通信/组通信。用户在网格并行工作环境中通过调用此部分留出的并行操作的接口，来实现对并行通信的操作。

3. CGSP 适配器

这个部分是 GridPPI 与 CGSP 的接口部分，在这个部分中，将 CGSP 的各种系统服务包装成调用服务句柄(stub)的形式让用户在程序中直接调用，对普通服务提供一种通用的调用模式，使程序员不需要生成普通服务的调用句柄就能够调用普通的服务，实现对普通服务的操作。

在整个体系上，GridPPI 实现了将并行部分与底层的网格系统相分离，将底层的网格系统以一种适配器的形式接入网格系统，提供了扩展到其他网格系统的可能性。

轻量级完备的通信接口：主流的网格并行接口主要是沿用了传统的 MPI 的模式，在通信的时候，主要是重量级的进程间的通信。而在网格并行接口中，实现了一套完备的轻量级的通信接口，能够提供更好的性能。

统一的服务调用方式访问网格：无论是 CGSP 的系统服务还是部署在 CGSP 内部的其他服务，都以统一的服务观点来对待和使用。用户在使用的时候，只需要熟悉服务的概念和使用方法，就能够使用整个 CGSP 内提供的服务和资源。

5.3.9 安全管理

为了提供一个灵活的、可扩展的功能，安全管理采用了四层结构设计，包括客户端层、中间处理层、应用服务层和数据层，其体系结构如图 5-6 所示。其中容器使用 Axis[83] 架构中的 Handler 对传送的 SOAP 消息进行截获并处理。

总体设计中客户端和服务端的 Axis 引擎分别使用各自的 Handler Configuration 对 Handler 的顺序和每个 Handler 的作用域进行配置。每个 Handler 截获 SOAP 消息后使用后台工具进行消息的处理，总体设计如图 5-7 所示。

1. 客户端层

客户端层负责设置服务调用过程中所需要的用户信息，包括用户名、组名与用户登录时获得的令牌信息。

所有的客户端搜集、验证的信息会放在 Axis 的 MessageContext 结构中。

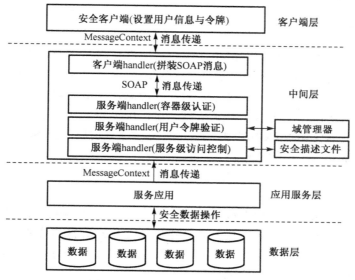

图 5-6　CGSP 安全管理系统结构

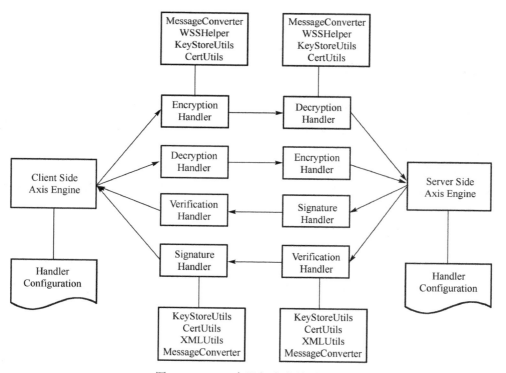

图 5-7　CGSP 容器级安全体系结构

2. 中间层

中间层是安全管理功能实现的主体部分，所有从客户端层传递来的操作请求都会由客户端对应的 Handler 将用户信息加入 SOAP 消息中并传递给服务端。

服务端的 Handler 链将会依次解析 SOAP 消息，完成容器级访问控制、用户令牌检查与服务级访问控制等安全实施措施。这样可以将安全集中实现在系统的中间环节，作为一个插件加入 CGSP2 中，简化系统设计与实现。CGSP 中安全管理的功能通过 Web Service 的方式实现。

3. 应用服务层

应用服务层是用户接口或 Web 客户端与数据库之间的逻辑层。典型情况下 Web 服务器位于该层，业务对象在此实例化。中间层是生成并操作接收信息的业务规则和函数的集合。它们通过业务规则(可以频繁更改)完成该任务，并由此被封装在物理上与应用程序逻辑本身相独立的组件中。

在 CGSP 中，应用服务层是在安全检查之后，具体响应客户的具体请求。

4. 数据层

数据层在应用服务调用数据的过程中，使用安全管理提供的数据安全服务，包括数据加密、解密、签名等安全措施。

该模块具有如下特色。

(1)采用用户临时令牌机制，减少了用户信息暴露的风险。

(2)安全管理采用了四层结构设计，包括客户端层、中间层、应用服务层和数据层，实现了一个灵活的、可扩展的系统构架。

(3)安全管理采用四层结构同时可以将安全检查机制与用户、服务实现分开，这样可以将安全集中实现在系统的中间环节，作为一个插件加入 CGSP2 中，简化系统设计与实现。

(4)使用 Handler 进行 SOAP 消息的传输中途截获并进行解析以获取消息传输的安全信息，加密解密，签名和身份验证。

(5)安全管理功能实现的主体部分服务层采用了 Web Service 的方式实现，所有客户端与服务端之间的交互信息以 SOAP 消息的方式传递，可以屏蔽底层协议的差异，简化系统配置。

5.4　应　用　实　例

"大学课程在线"已经在 CERNET 上运行两年了。从 2003 年起，在中国教育科研网格计划(ChinaGrid)的大力支持下，在众多项目合作成员高校和自愿参加高校的积极配合下，"大学课程在线"项目组已经建设了一个分布在全国不同地域、包含近 30 个节点的分布式视频点播平台。

大学课程在线项目的负责人、北京大学李晓明教授说："CERNET 的发展为大学课程在线的发展提供了基础，大学课程在线则为高校教育资源的共享应用提供基础。"

大学课程在线网格应用由分布在 10 多个城市的 22 台服务器联合提供服务，近 300 门大学课程，由来自 14 个重点大学提供文、理、工、农、医科的课程资源，而且完全免费点播。

李晓明介绍，大学课程在线的资源都是由学校无偿提供的。任何学生都可以通过这个网格应用访问到各种课程、不同版本的学习内容，文、理、工、农、医，应有尽有；同一门课程，清华大学版、北京大学版、兰州大学版、本科生版、专科生版，都可以迅速共享。他说："我们的重要特点就是大规模的视频，目的一是效果好，用户可接受性很强；目的二是能够充分地保护知识产权。"

参与学校依照自愿的原则，贡献本校 50 小时的特色资源视频课程，而多数学校贡献的视频课程都远超过这个数量，因此，在短时间内，大学课程在线的资源迅速增加。同时，大学课程在线也引起国外的关注，美国 MIT 计算机教学及传统的与教育相关的视频也无偿地加入到大学课程在线中。

为了让更多的人共享教育资源，2013 年大学课程在线也在 ChinaNet 上放置了服务器。据了解，接下来大学课程在线将把资源扩展到中小学、培训、考研辅导等领域，以充分满足学习型社会的需求。在 ChinaGrid 二期中，大学课程在线的目标是达到"三个一"：中国的教育资源达到一万小时；增加到一百台服务器；每天有一百万人在线访问。

5.5　本　章　小　结

CGSP 是在 Globus 平台的基础之上开发而成的。它是对 Globus 的进一步封装，这就在一定程度上方便了终端用户的使用。本章主要介绍了 CGSP 中间件的项目状况，以及系统主要架构的九大部分。这几部分中的亮点就是"热部署"以及域管理，这两大新特点在很大程度上方便了用户的使用。

第 6 章

CNGrid GOS

CNGrid[84, 85]GOS 是为支撑中国国家网格环境运行而开发的一套具有自主知识产权的网格软件，是国家 863 计划支持的中国国家网格软件研究与开发课题的重要成果。CNGrid GOS 软件主要包括系统软件、CA 证书管理系统及测试环境、三个子版本业务系统(高性能计算网关、数据网格、网格工作流)、监控系统等。课题承担单位包括中国科学院计算技术研究所、江南计算技术研究所、清华大学、国防科学技术大学、北京航空航天大学、中国科学院计算机网络信息中心和上海超级计算中心等。

6.1 CNGrid GOS 系统软件

CNGrid 网格系统软件 VegaGOS 提供全局名字管理、虚拟组织管理、用户管理、资源管理、应用运行时管理等主要功能，VegaGOS 在全局名字管理、分布式资源管理、虚拟组织、网程技术、网格安全机制和支持多种行业应用方面具有重要创新。

6.1.1 全局名字管理

全局名字管理(Naming)是一种非集中的名字稳定的全局对象(Gnode)管理系统。提供低延迟、高成功率的基于全局唯一标识(GUID)的实体对象定位，支持属性匹配式的实体对象搜索。Naming 是 VegaGOS 中的基础性组件，用于构造系统，并作为一个可复用的组件提供一层全局的虚拟名字空间，解决物理地址不稳定、应用和资源紧耦合的问题。

6.1.2 资源管理

VegaGOS 中资源形式多样，访问方式各异，并且各异的资源难以统一描述和管理。VegaGOS 引入资源控制器(RController)机制，接入和管理多种异构资源。资源控制器提供统一的资源管理方式，包括资源的创建、销毁、访问控制、访问、读写属性等功能。

6.1.3　虚拟组织管理

　　VegaGOS 的虚拟组织(Agora)提供资源、用户和访问控制策略管理功能，具有单点登录及单一系统映像性质。虚拟组织作为一个共同信任的第三方超组织形式，实现了自主性与安全性统一的跨管理域访问控制机制。

6.1.4　应用运行时管理

　　应用运行时需要维护用户身份以支持访问控制实现，在 VegaGOS 中利用网程(Grid Process)技术，不仅实现了应用运行时用户身份以及上下文的保持，同时可以管理应用本身占用的资源，并进一步支持多应用的分布式协同。利用以上创新技术在 VegaGOS 中实现的网格应用运行时管理结构图如图 6-1 所示。

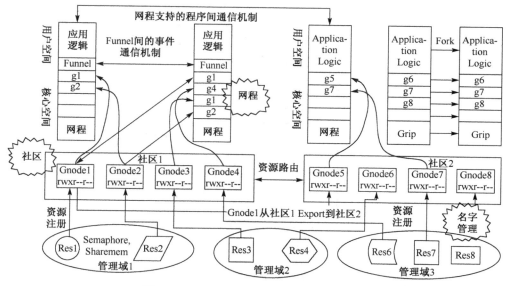

图 6-1　VegaGOS 应用运行时管理结构图

6.1.5　应用层工具

　　VegaGOS 为了支持传统的高性能计算模式，并使之具有网格特征而提供了丰富的应用层工具，包括 Portal/GShell/VegaSSH/GOSClient。Portal 为用户提供友好的基于 Web 的操作界面，方便用户使用 VegaGOS 提供的各种功能；GShell 是一个类似 GNU bash 的命令执行环境，支持应用以网程方式运行；VegaSSH 可以单一登录任意网格节点，使用后端的高性能计算资源；GOSClient 是一个独立安装的使用 VegaGOS 的客户端工具，其中包含 GShell。

6.2　CA 证书管理系统及测试环境

6.2.1　CA 证书管理系统

CNGrid 网格证书授权机构(CA)主要为国家网格中的应用及其用户提供数字证书服务，为它们发放正式或测试数字证书，提供证书撤销和状态查询服务。网格 CA 系统由各级认证(CA)中心和各证书审批(RA)中心组成。采用多证书体系结构，上级证书管理中心签发下级证书管理中心的相关证书。CA 系统内各个服务器主要采用"Web 服务器-功能服务器-数据库服务器"的三层结构，服务器平台采用 Linux 操作系统，采用 Windows 系统和 PC 机作为管理终端平台。网格 CA 的软件体系如图 6-2 所示。

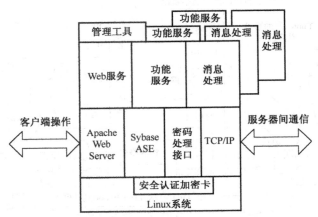

图 6-2　网格 CA 的软件体系结构图

网格 CA 证书管理系统基于 Web 方式提供了较为完备的证书申请、生成、发布、撤销、查询和管理等功能。

(1)证书申请信息解析，签名证书生成、签发、发布、撤销、作废。

(2)RA 分布式审核与认证服务器(RS)集中式审核相结合。

(3)证书库管理。

(4)系统用户管理、日志管理、安全审计和安全管理。

(5)系统数据备份与恢复。

(6)系统密钥管理。

(7)证书下载、查询、验证。

(8)标准化证书，包括用户要求的扩展项等。

6.2.2 测试环境

利用当前流行的测试理念和测试管理手段，开展 CNGrid GOS 软件集成与测试工作，确保向用户提交功能齐全正确、性能高效、系统稳定可靠、使用方便快捷的 CNGrid GOS 软件。为了实现该目标，对 CNGrid GOS 软件进行了全方位、多角度的测试。

（1）软件界面人工测试，关注界面操作的一致性、易用性、有效性、在线帮助和提示等。

（2）功能自动化测试，不仅按照功能需求测试软件所有功能，并且实现大部分功能测试的自动化。

（3）性能测试及其分析，按照性能需求从实战的角度测试软件的响应时间、吞吐率、并发用户数，并分析性能数据供开发人员参考以改进系统性能。

（4）稳定性测试及其分析，考核系统在大负载（≥90%）情况下持续稳定运行的时间，最终提供给用户稳定可靠的系统。

（5）兼容性测试，包括操作系统兼容、宿主环境兼容、客户端环境兼容，确保系统在指定类型的安装环境中能正确运行。

（6）易用性测试，促进 CNGrid GOS 软件产品具有易理解、易学习、易使用和吸引用户的能力。

图 6-3 是 CNGrid GOS 集成与测试组织示意图。

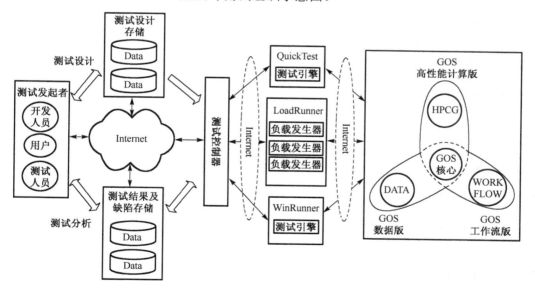

图 6-3 CNGrid Gos 集成与测试组织示意图

6.3　高性能计算网关

高性能计算网关(HPCG)是一套基于 VegaGOS 开发的支持高性能科学工程计算的服务和应用软件。目前已经整合了 CNGrid 上十余个计算中心的计算和存储资源。HPCG 旨在为非专业用户提供"专业"的计算环境。HPCG 主要由多个相关系统服务和包括 Web Portal、命令行和 API 在内的用户界面组成。系统服务包括批作业服务、文件管理服务、消息服务、用户映射服务和记账服务等。通过这些服务的不同组合，可为用户解决不同的高性能计算需求。HPCG 的特点如下。

6.3.1　功能完备

1. 批作业服务

该服务主要用于批量处理作业，它允许向多个高性能计算中心透明提交作业，是一个灵活高效的作业状态获取机制。

2. 文件管理服务

该服务支持远程操作文件，可在线编辑小文件，提供适应防火墙设置的可靠的同步或异步文件传输功能。

3. 记账服务

该服务遵循 OGF-RUS、OGF-UR 国际记账标准，支持 PBS、LSF 等多种批作业处理系统下的资源使用情况记录，并针对作业、用户、节点提供丰富的数据统计功能，支持网格全局记账查询。

6.3.2　集成方便

1. 开发接口

为了方便用户进行开发，CNGrid GOS 提供功能完备的开发库。根据这些开发库提供的接口，用户可以方便地定制自己的高性能计算应用。

2. 模板技术

基于 HPCG 独有的模板技术允许用户通过编辑 XML 格式模板文件的方式实现高性能计算软件资源的接入与共享。

6.3.3　界面友好

对用户及资源提供者提供一致和功能完备的基于 Web 的网格门户和命令行操作两种界面。

HPCG 可以解决企业内网用户的网格批作业使用需求，提供功能丰富、界面友好、运行稳定的科学工程计算环境。图 6-4 展示了 HPCG 在企业和计算中心部署示意图。

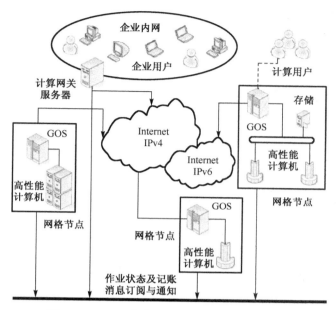

图 6-4　HPCG 在企业和计算中心部署示意图

6.4　数据网格

数据网格软件 CORSAIR[86]是一种针对网格环境中数据的迁入、迁出和共享等问题而提出的虚拟文件管理系统。

CORSAIR 虚拟文件管理系统为用户透明地提供数据存储与共享服务，由系统负责底层存储资源的组织和数据的访问控制，用户可以在 CORSAIR 资源管理器中方便地实现数据的迁入、迁出和共享操作。

CORSAIR 具有以下特点。

（1）CORSAIR 提供集成本地资源和网络资源的统一文件浏览视图。

（2）提供并行文件传输、断点续传、三方传输功能。

（3）提供在统一视图内的资源管理功能，如文件复制、粘贴和共享功能等。

（4）提供对 CORSAIR 存储空间的资源检索功能。

（5）提供基于 Web 的社区管理功能，如创建/解散社区、审批/删除社区成员等。

　　CORSAIR 不仅提供了公共数据资源，还为注册用户提供了个人存储空间和针对社区应用提供了社区共享存储空间，用户可以使用 CORSAIR 资源管理工具像管理本地文件一样管理 CORSAIR 存储空间。

　　CORSAIR 系统由存储服务、虚拟目录服务、管理门户以及图形界面管理器和命令行管理器构成，系统部署如图 6-5 所示。

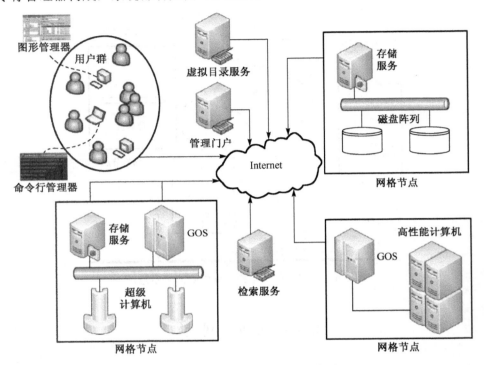

图 6-5　CORSAIR 系统部署示意图

6.5　网格工作流

　　网格工作流软件为用户提供了一套基于服务的、可视化的网格工作流建模环境和使用环境，可以帮助用户对来自 CNGrid 各节点的服务资源以流程的形式进行组装，为用户提供一种可视化的应用开发环境以及基于浏览器的运行监控环境。

　　网格工作流软件结构如图 6-6 所示，并具有工作流建模能力强、网格服务获取方便、流程服务化和重用、可插拔与可扩展的流程管理控制台、可扩展的流程建模工具和流程引擎等特点。下面详细说明。

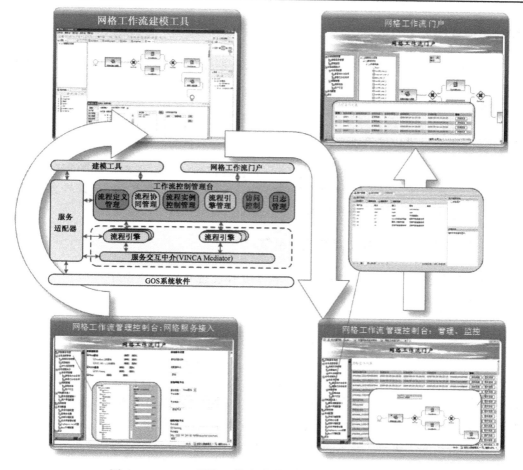

图 6-6　CNGrid 网格工作流建模环境和使用环境示意图

6.5.1　工作流建模能力强

同时支持 WS-BPEL [87] 和 XPDL [88] 两种工作流描述标准，既能描述全自动化的科学计算流程，也能描述带人工参与活动的科学计算流程和商业计算流程，从而能够使用户实时地参与到流程运行过程中，对计算结果浏览或对计算过程进行及时干预。

6.5.2　网格服务获取方便

通过可配置的服务适配器、建模工具和网格工作流程门户可同时连接到多个网格节点上的不同社区，并为用户提供可视化的服务目录视图，供用户查看、组装或运行服务。

6.5.3　流程服务化和重用

流程即服务，也就是说，部署到流程服务器上的流程可以作为服务在其他流程中进行重用。这将在一定程度上方便用户的使用，同时也为服务的多样性带来了可能。

6.5.4　可插拔、可扩展的流程管理控制台

插件式的、基于浏览器的流程引擎分布管理机制，可实现对不同流程引擎进行统一的监控和管理，具有流程定义分类管理、流程可视化监控、任务项管理、网格服务接入配置以及系统配置等功能。

6.5.5　可扩展的流程建模工具和流程引擎

可扩展的流程建模工具和流程引擎可以方便地在流程模型中扩展新的活动类型，并可以在流程引擎中以插件的方式扩展该活动的解释和执行组件。

6.6　中国国家网格监控系统

CNGridEye[89]是中国国家网格（CNGrid）的监控系统，为 CNGrid 提供资源监控和记账服务。CNGridEye 收集国家网格环境中分布、异构和动态变化的各类资源的状态信息，并将这些信息组织起来供作业调度、故障检测等上层应用使用。CNGridEye 还提供了强大的记账功能，准确记录作业和用户对资源的使用情况，从而支持网格资源的优化和服务质量的提高。CNGridEye 系统结构如图 6-7 所示。

CNGridEye 具有如下特点。

（1）采用一体化的监控体系结构来监控跨域、分布的资源。

（2）支持多种信息模型，提供了主机、集群、节点、网格四个层次的监控信息，为各监控层次提供了完整的监控度量指标。

（3）支持对硬件、软件、网络、服务等各类资源的监控，支持 OpenPBS、LSF、OAR 等作业管理系统。

（4）提供了强大的故障检测和报警功能。

（5）对网格操作系统（GOS）进行严密监控，保障 GOS 安全稳定的运行。

（6）对各个网格节点间网络质量进行监测，及时发现系统瓶颈。

（7）提供了强大的用户界面，支持用户定制图表。

（8）分布式记账方式，准确记录用户的资源消耗情况，支持灵活的计费策略。

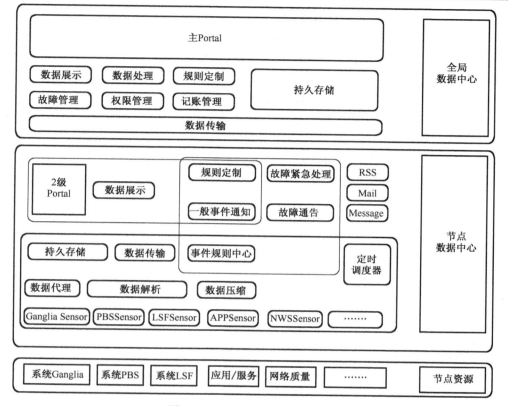

图 6-7 CNGridEye 系统结构图

6.7 开发示例

6.7.1 资源端准备

GOS 中最重要的概念是资源。资源在 GOS 系统中是指可以被统一接入和管理的实体，并且这些实体将作为客体被其他网格应用所访问。在 GOS 系统中，服务、消息、软件、数据库，或更细粒度的实体都可以是资源。资源在 GOS 系统中是结构体分散的存储在不同的节点上，并且可以由创建者设置其访问控制权限。

为了方便用户对网格系统中资源的操作，GOS 中对资源的相关操作的所有接口都在 org.gos.core.resource.client.ResourceClient 中。

在 GOS 中，所有使用资源的程序都称为应用。因而，GOS 中的应用包括本地程序和 WebApp 两种形态。

应用开发时只需要关注所访问的资源，应用如果以网程方式运行，则会在整个生命周期中拥有网程上下文（GripContext），其中包含当前用户身份和当前社区信息。当应用访问资源时，GOS 会根据 GripContext 构造一个适用于本次资源访问的操作上下文 OperateContext，并传递到资源端。资源端可以取出此上下文，并基于此做访问控制。

　　GOS 安全的服务需要在资源端配置相应的 ACHandler，此 Handler 会检查此 Context 并做相应的访问控制。如果是 Axis 服务，没有 ACHandler，则可以取出 Context 在程序逻辑中做访问控制。具体内容如下文所述，也可以参照 GOSTutorial 工程中 AxisPing 服务的实现及配置。

　　1．开发服务

　　GOS 安装后会自带一个 AxisPing 服务，其服务实现代码见 org.gos.tutorial. services。其关键代码如清单 6-1 所示。

清单 6-1　GOS 开发服务代码示例

```
1   public String ping(String msg)
2   {
3     OperateContext context = null;
4     MessageContext mc = MessageContext.getCurrentContext();
5     if (mc == null)
6     {
7       String errMsg = "Can't get MessageContext, it maybe not run
        in axis. ";
8       System.err.println(errMsg);
9     }
10    else
11    {
12      try
13      {
14        context = ForAxis.getOperateContext(mc);
15      }
16      catch (SOAPException e)
17      {
18        e.printStackTrace();
19      }
20    }
21    String prefix = "context: " + context;
22    if (context != null)
23    {
```

```
24      if (context.getUser() != null)
25      {
26        prefix += ", called by " + context.getUser().getUserHandle().getName();
27      }
28      if (context.getAgora() != null)
29      {
30        prefix += ", in agora " + context.getAgora().getName();
31      }
32   }
33   msg = prefix + ", origin msg: " + msg; return msg;
34 }
```

注意，这段代码中利用 ForAxis.getOperateContext(mc)获得调用者身份以及所在的社区的信息。这是 GOS 对于开发安全服务的一种支持。服务可以通过这些信息自己完成特定于本服务的访问控制。

2．部署服务

为了方便，这里只介绍静态部署一种。读者如果需要了解动态部署，可自行查阅相关的资料。下面介绍静态部署。

在 GOS 安装完成的同时，5 种安全形式的 Ping 服务也一并安装就绪，它们分别是 vsPingServiceSec、vsPingServiceNoSec、PingServiceSec、PingServiceNoSec，以及 AxisPing。这五种服务的主要区别在于 Handler 的配置不同。其中 vsPingServiceSec 与 vsPingServiceNoSec 是 GOS 2.1 推荐的部署方式，PingServiceSec 与 PingServiceNoSec 是 GOS2 支持的服务部署方式，AxisPing 是把 Ping 服务部署成一个纯 Axis 的服务。下面以 vsPingServiceNoSec 为例，讲解以上服务的部署过程。如果需要重新部署，部署过程如下。

（1）将编译好的源码打包，并将打包后的文件命名为 gos-ping-service.jar，而后复制到${gos.home}/jakarta-tomcat-5.0.28/webapps/axis/WEB-INF/lib/下，覆盖原来的同名的 jar。

（2）找到并修改目录${gos.home}/jakarta-tomcat-5.0.28/webapps/axis/WEB-INF/下的文件 server-config.wsdd，在其中加入清单 6-2 中的代码。

清单 6-2　server-config.wsdd 添加部分代码

```
1  <service name="vsPingServiceNoSec" provider="java:RPC">
2    <requestFlow>
3      <handler type="java:org.ict.gos.core.security.handler.
         GetAttachmentsHandler"/>
```

```
 4      <handler type="java:org.ict.gos.core.security.handler.
        VerifyCertsHandler"/>
 5    </requestFlow>
 6    <responseFlow>
 7      <handler type="java:org.ict.gos.core.security.handler.AddHandler"/>
 8    </responseFlow>
 9    <parameter name="allowedMethods" value="*"/>
10    <parameter name="className" value="org.ict.gos.tutorial.services.Ping"/>
11  </service>
```

　　清单 6-2 中的 GetAttachmentsHandler 用于取出 SOAP 附件中的 OperateContext，而 VerifyCertsHandler 用于验证 OperateContext 中携带的用户证书，AddHandler 用于将 OperateContext 添加到 SOAP 消息的附件中。

　　（3）重启 GOS，进入 GOS 安装目录{gos.InstallHome}，执行 gos.sh restart 重启。

3.　添加资源

　　使用资源之前，必须将资源添加到 GOS 系统中。而添加资源采用 ResourceClient 的 add 接口。其定义如清单 6-3 所示。

清单 6-3　添加资源所采用的 ResourceClient 的 add 接口

```
 1  public ResourceHandle add(String rControllerType, Object[]
    resInfo, String agoraID,
 2    String ownerID) throws GosException;
```

　　GOS 可以接入多种资源，包括服务和消息等一系列资源，不同类型的资源由相应的资源控制器 RController 来识别和处理。在加入资源时必须指明相应的资源控制器，由参数 rControllerType 给出。GOS 中已经实现了一系列的资源控制器。对服务的资源控制器是 org.gos.core.rc.axis.AxisClient。

　　每种资源控制器在添加对应资源时需要提供资源相关的一些参数，这些参数由 resInfo 给出。

　　添加资源时可以指定以用户身份 ownerID 添加到社区 agoraID。当 ownerID 为 null 时会以当前用户身份，当 agoraID 为 null 时会添加到当前社区。本节中添加资源的代码可以见 org.gos.core.tutorial.PingClient.addResource 方法。其关键代码如清单 6-4 所示。

清单 6-4　添加资源的关键代码

```
 1  // add a resource by current user in current agora.
 2  ResourceHandle rh =
```

```
3    resourceClient.add(extSrvRCtrollerType, new Object[]{resource1Url,
     resource1Name}, null, null);
```

资源添加后可以获得一个 ResourceHandle，包含此资源相关的各种信息。其中非常重要的是其 GUID，通过 ResourceHandle.getGuid()可以得到。GUID 是此资源在全网格唯一的标识，一般由系统自动产生。

4. 删除资源

当所有人都不再需要某一个资源时，可以将该资源删除掉。删除资源可以通过调用 org.gos.core.resource.client.ResourceClient 的 remove 接口。如清单 6-5 所示，其中 resourceID 指待删除资源的 GUID。

清单 6-5　删除资源的接口

```
1    public void remove(String resourceID) throws GosException
```

删除资源的示例代码见本节中的 org.gos.core.tutorial.PingClient.removeResource 方法。其关键代码是如清单 6-6 所示。

清单 6-6　删除资源代码示例

```
1    resourceClient.remove(this.resource1ID);
```

5. 权限设置

添加资源到某个社区的动作必须由此社区管理员完成，默认当前用户(社区管理员)成为资源的属主，当然如果添加资源时指明了资源的 owner，则由此 owner 作为资源的属主。

资源的属主可以设置其权限，由资源的 acl 表示，可以通过 ResourceHandle.getAcl 和 setAcl 访问资源的 acl。acl 是 ugorwx 的形式，与 UNIX 文件的权限类似。比如 acl=rwxr-xr--，表明属主拥有读写和执行权限，资源所在的组的用户可以读和执行，社区内的其他用户只能读。拥有读权限可以通过 ResourceClient.readAttribute 操作读资源的元信息，拥有写权限可以通过 ResourceClient.writeAttribute 操作修改资源的元信息。拥有执行权限可以通过 ResourceClient.execute 调用资源的各种操作。

资源加入到网格中时只在一个社区，最多只能被此社区的用户访问。如果希望资源被其他社区访问，则需要资源的属主将资源的权限代理给其他社区。这通过 export 操作完成。export 可以将权限代理给一个或者多个社区，也可以用*表示全部社区。资源 export 后，相应社区可以通过 link 操作完成。export 和 link 的 gosShell 中的命令分别为 GexportRes 和 GimportRes。

6.7.2　编写 Java 应用

编写应用时，和 GOS 接口的部分只需要关注于如何访问资源。

访问资源的操作比较简单，关键是使用 ResourceClient.open, execute 和 close 接口。示例代码见 org.gos.core.tutorial.PingClient.executeResource 接口，其关键内容如清单 6-7 所示。

清单 6-7　访问资源操作代码示例

```
1   OperateSession os = resourceClient.open(this.resource1ID, null);
2   String pingStr = "ping a service at " + new Date();
3   RuntimeHandle rh = resourceClient.execute(os, "ping", new
    Object[] { pingStr }, true);
4   System.out.println("ping result : " + rh.getResult());
5   resourceClient.close(os);
```

1）open

访问任何一个资源前，都需要通过 open 动作绑定到所需访问的资源。如清单 6-8 所示，其中 resourceID 指代需要操作的资源 Option 给出 open 时所需的参数，具体如何取值由具体的资源决定；而输出的结果为创建的 OperateSession 对象，抛出异常为权限不够或者资源不存在。

清单 6-8　open 接口代码示例

```
1   OperateSession open(String resourceID, String option)
```

2）execute

open 成功后，可以执行 execute 接口，执行对资源的操作，其接口定义如清单 6-9 所示。其中 operateSessionID open 得到的 OperateSession 对象的 id, operationName 表示操作名，parameter 表示参数列表，isSync 表示是否同步方式。输出结果为返回运行实体的指代物（是一个 RuntimeHandle 对象，对于 Web Service，可能代表了一个服务线程），通过 RuntimeHandle 的 getResult（）接口可以取得调用结果。同步时得到 RuntimeHandle 可立刻取得调用结果，异步调用时由 RuntimeHandle 的 getResult（）接口可能导致等待（wait-by-necessary）。抛出异常可能为权限不够或是资源不存在。

清单 6-9　execute 接口代码示例

```
1   RuntimeHandle Execute(String operateSessionID, String operationName,
    Object[] parameter, Boolean isSync)
```

3)close

访问完成之后，需要释放资源，其接口定义如清单 6-10 所示。其中 operateSessionID close 得到的是 OperateSession 对象的 id，而输出为无，抛出异常为权限不够或资源不存在。

清单 6-10　close 接口代码示例

```
1  Void close(String operateSessionID)
```

4)关于 open，execute 和 close 的一些补充

GOS 中一般仅仅在 open 时检查用户权限，在 open 和 close 之间可以执行多次 execute 执行此资源的多个操作，这些操作都使用同样的权限。即使资源的真实权限已经修改了，也不会影响已经 open 的资源的操作。

5)安全特性

应用中可以使用 GripClient.getCurrentGripContext 获得一个上下文，其中有本应用程序的用户身份和当前社区等信息。但只有当应用以网程(见后文示例)方式启动时，才能取得 GripContext。

有两种标准的方法将程序以网程方式运行：

(1)在 gosShell 中运行。

(2)利用网程的 API 启动程序。

6.7.3　编写 WebApp 应用

这部分包括访问资源与安全特性两部分内容。

1. 访问资源

WebApp 中如果需要访问资源，与 Java 应用完全一致，仍然使用 ResourceClient.open，execute 和 close 接口。

2. 安全特性

WebApp 中可以通过 GripClient. getCurrentGripContext 获得一个上下文。但要保证得到的 context 不是 null，必须做了以下两件事情。

(1)部署 WebApp 时设置 Web 应用 Filter；

(2)有一个登录程序，使用提供的 SessionClient 类中的 setSessionContext()接口，将请求 WebApp 的 HttpServletRequest 请求对象，以及调用者的身份信息传递给 setSessionContext()。

6.7.4　独立运行的 Java 程序

很多时候，程序员可能希望脱离 gosShell 运行。这时一般推荐的做法是利用网程的 API 将程序以网程方式启动。这里我们实现一个 mygrun，用来将一个程序以网程方式运行。

1. 实现自己的 grun

本节中，实现了一个最简单的 mygrun，是 gosShell 提供的 grun 命令的简化版本。通过本例子，展示如何将一个程序以网程方式运行。其最核心的代码如清单 6-11 所示。

清单 6-11　mygrun 代码示例

```
1  public static void execApp(GripClient gclient, UserAuthStruct
   auth, AgoraHandle agora,
2    String[] cmdargs) throws Exception
3  {
4    GripHandle childgrip = gclient.create(auth, agora, cmdargs);
5    int pid = childgrip.getPid();
6    String systemType = System.getProperty("os.name");
7    if (systemType.equals("Linux"))
8    {
9      LinuxUtil.waitChild(pid);
10   }
11   else if (systemType.indexOf("Windows") > -1)
12   {
13     WinUtil.waitChild(pid);
14   }
15 }
```

execApp 中，关键是创建网程。gclient.create 即是网程的 create 接口，用某个用户身份（由 UserAuthStruct auth 定义），在某个社区（由 agora 定义），将某个程序（由 cmdargs 定义），以网程方式启动并运行。

启动网程后，程序本身可以等待此网程运行结束，即函数中的 waitChild 动作。

2. 运行时切换操作上下文

GOS 中每个程序运行时都会附着一个网程，其中提供了用户身份和当前社区等

网程上下文信息（GripContext），这些信息在整个程序运行期间保持不变。本质上
GOS 中的每一个系统调用都需要操作上下文（OperateContext）。如果程序以网程方
式运行，则 GOS 会根据网程自动构造出访问资源的操作上下文，其用户与社区信息
来自网程的设置。

　　操作上下文与网程上下文的关键的区别在于：操作上下文只对具体的这次调用
生效，而网程在整个程序运行期间不变。操作上下文还包含对某个资源的访问控制
token。ResourceClient 的 add, open, remove 接口都提供了一个带参数 OperateContext
的接口。通过显式的传入此 OperateContext，可以在运行时切换此次操作的上下文。

　　3．设置 gos.home

　　打开附带的工程 GOSTutorial，设置 Java 虚拟机参数-Dgos.home=.，其中"."
指向一个目录，此虚拟机参数 gos.home 的目的是帮助找到相关配置文件。GOS 中
约定，在 gos.home 所指的文件夹中必须有一个 conf 文件夹，其中至少需要有
namingserver.conf，其内容分别指向所要访问的 GOS 节点的相关服务路径。GOS 可
以安装多个节点并互联，但应用程序必须要找到一个节点作为起始节点，通过此节
点可以自由的访问全网格各个节点的资源。

　　4．修改配置文件中的 IP 和端口

　　修改 namingserver.conf 的 localSiteUrl，修改 IP 和端口使之指向一个真正的 GOS
节点。

　　5．所需其他文件

　　1）客户端 wsdd 文件
　　程序运行需要在当前目录放置客户端的 wsdd 文件，即 gos-client-config*.wsdd，
共有 5 个。
　　2）动态链接库
　　GOS 运行需要一些动态链接库的辅助，这些动态链接库具体包括如下几个：
　　（1）libcmd4linux.so/cmd4linux.dll；
　　（2）libNativeProcessing4Java.so/NativeProcessing4Java.dll；
　　（3）libNativeProcessing4Web.so/NativeProcessing4Web.dll。
　　为了让这些动态链接库生效，需要设置虚拟机参数：-Djava.library.path=具体的
so 或者 dll 的具体路径。
　　3）安全相关配置文件
　　需要在当前目录下准备 cog.properties，以及一个 CA 文件夹。可以考虑本节中
自带的这些文件。

6. 运行

进入 mygrun 工程，执行清单 6-12 中的代码。

清单 6-12　mygrun 运行代码示例

```
1   mygrun Admin_200@cngrid.orgpwd "java -Dgos.home=. org.gos.core.
    tutorial.PingClient"
```

如果执行成功，可以看到如清单 6-13 所示信息。

清单 6-13　mygrun 执行结果

```
1   …
2   ping result : context: #operate-context<org.gos.core.agora.
    client.AgoraHandle@a5
3   824a:org.gos.core.agora.client.AgoraHandle@a5824a,user:org.
    gos.core.user.client.
4   UserAuthStruct@d020d,grip-id:http://10.61.0.159:8080/E99E20F
    691D35CC42DC895F7302
5   215D9DBFD09AF, token:[B@1a488>, called by Admin218@vegasuite.
    ict.org, in agora A
6   gora218, origin msg: ping a service at Fri Dec 21 00:55:12 CST 2007
7   …
```

6.7.5　上下文

1. 设置操作上下文

ResourceClient 的 add、open 和 remove 都支持传入一个 OperateContext，这样可以改变某次资源访问时提供的上下文。

2. 设置和获取线程的操作上下文

为了方便对同一个线程的某一组操作采用同样的上下文操作，GOS 提供了一个 GripClient.setThreadOperateContext 方法，用于为当前线程设置一个操作上下文，之后此线程的所有资源访问默认都用此上下文。

采用线程的操作上下文可以使一个程序在一组操作中无需每次 open 时都设置 OperateContext。采用线程的操作上下文的另一个好处是支持调试与分析。如果程序在 gosShell 中运行，或者程序用 grun.sh 运行起来，则程序是以 grun.sh 的子进程方式运行的，很多调试工具，或者性能分析工具都无法调试或者分析子进程，不方便开发与分析。GOS 推荐的方式是先 login 在 setThreadOperateContext，使程序的上下文可以动态调试运行和分析。在程序调试或者分析完成后再去掉 login 和 setThreadOperateContext 的步骤，真正放到 gsh 中运行。

可以用 GripClient.getCurrentThreadOperateContext 获取当前线程的 OperateContext。

3. 获取资源端的操作上下文

客户端访问资源端时提供 OperateContext，GOS 系统在访问资源时会将 OperateContext 以某种方式安全地传到资源端。这样资源端可以根据此 OperateContext 获得本次访问的上下文，从而自己完成所需的自定义的操作，比如记录全局用户身份，自己做访问控制。

不同类型的资源获得 OperateContext 的方式不同，具体由处理此资源的 RController 决定。

对于服务，用 org.gos.core.rc.axis. ForAxis 类的 getOperateContext 系列接口完成。

对于消息，用 org.gos.core.rc.activemq.ForJms 类的 getOperateContext 系列接口完成。

4. 获取网程上下文

如果程序是以网程方式运行，则我们可以通过 GripClient.getCurrentGripContext( ) 方法获得当前网程的 GripContext，即网程上下文。通过网程上下文可以获得用户身份和当前社区等信息。GOS 会根据 GripContext 自动构造出 OperateContext，用于具体的对资源的某次访问。

GOS 中支持 JavaApp 和 WebApp 两种类型的网程。这两种网程都使用同样的 API 获得网程上下文。

5. 在开发中可靠地获取操作上下文

默认情况下，GOS 系统会自动处理操作上下文的设置和获取问题，应用程序无需关心相应的信息。

如果开发时需要获取操作上下文做一些自定义的操作，建议使用 GOS 提供的辅助类 org.gos.core.util.GOSUtil 的 getOperateContext 方法。这个类会首先从 ThreadOperateContext 获取，如果不成功，则尝试获取资源端的 OperateContext，最后尝试获取网程上下文并构造 OperateContext，这样能够保证开发的库可以被客户端程序、资源端程序使用。

为了更形象地展示给读者，这里给出 getOperateContext 的一个实现，它的原理类似 org.gos.core.util.GOSUtil 的 getOperateContext，代码示例如清单 6-14 所示。

清单 6-14　getOperateContext 代码示例

```
1  public static OperateContext getOperateContext()
```

```
2   {
3     OperateContext context = null;
4     // First try to get it from Current thread. 2007.12.28.
5     // thread level. context = GripClient.getCurrentThreadOperateContext();
6     if (context != null)
7     {
8       return context;
9     }
10    // then try to get it from service.
11    try
12    {
13      // it may be in axis? MessageContext mc = MessageContext.
          getCurrentContext();
14      if (mc == null)
15      {
16        // only log when debug mode.
17      }
18      else
19      {
20        context = ForAxis.getOperateContext(mc);
21        if (context != null)
22        {
23          UserHandle hd = context.getUser().getUserHandle();
24          System.out.println("OperateContext in service: user = "
            + hd.getGuid() + ", userName = " +
25            hd.getName() + ", agora = " + context.getAgora().getGuid()
            + ", agoraName = " +
26            context.getAgora().getName() + ", gripID " + context.
            getGripId()); return context;
27        }
28      }
29    }
30    catch (Exception e)
31    {
32      // don't throw it now! just return a null
33    }
34    // then try to get it from grip context.
35    // session level or grip level.
36    try
```

```
37    {
38        GripContext gripContext = GripClient.getCurrentGripContext();
39        if (gripContext != null)
40        {
41            context = new OperateContext();
42            context.setAgora(gripContext.getSimpleAgoraHandle());
43            context.setUser(gripContext.getUserAuthStruct());
44            context.setGripId(GripClient.getCurrentGripID());
45            UserHandle hd = context.getUser().getUserHandle();
46            System.out.println("OperateContext in grip: user = " +
          hd.getGuid() + ", userName = " + hd.getName() +
47            ", agora = " + context.getAgora().getGuid() + ", agoraName
          = " + context.getAgora().getName() +
48            ", gripID " + context.getGripId()); return context;
49        }
50    }
51    catch (Exception e)
52    {
53      // don't throw it now! just return a null
54    }
55    return null;
56 }
```

6.7.6　网程的运行

1.　JavaApp 开发

1）开发环境配置

配置开发环境时，需要将${gos.home}/clientLib 目录下的 jar 包配置到 Java 工程的文件 CLASSPATH 中；确认${gos.home}/jakarta-tomcat-5.0.28/bin 和${gos.home}/gosShell/binary 目录下存在 NativeProcessing4Java.so、NativeProcessing4Web.so、NativeProcessing4Java.dll、NativeProcessing4Web.dll；确认${gos.home}/jakarta-tomcat-5.0.28/webapps/axis/WEB-INF/lib 下存在 gos-grip-common.jar 包。

2）开发接口使用介绍

提供给用户开发 JavaApp 型网程的接口有以下八个，全由 GripClient 类提供，如表 6-1 所示。

表 6-1　提供给用户开发 JavaApp 型网程接口

返回类型	接口名称	简要说明
GripHandle	create	创建网程，启动网格应用
String	getCurrentGripID	获得当前网程 gripId
GripContext	getCurrentGripContext	获得当前网程 Context
OperateContext	getCurrentThreadOperateContext	从 ThreadLocal 中获得当前线程 OperateContext
	setCurrentGripContext	设置当前网程 Context
	setThreadOperateContext	将当前线程 OperateContext 设置到 ThreadLocal 中
HashMap	gripStatus	获得当前节点所有网程信息
—	kill	销毁一个特定的网程，同时释放网程资源空间中占有的资源

（1）create 使用介绍。

create 函数的声明如清单 6-15 所示。将执行 Java 程序的整个命令字符串传递给 create 接口，则创建出一个网程去执行指定的 Java 程序（对应为本地的一个进程）。property 为网程属性，类似于环境变量，该值可由用户自定义传入，若用户未制定 property，则创建的网程属性继承父网程的属性。创建网程 grip 的同时，将在服务端记录创建该网程的用户信息，这不仅包括 UserAuthStruct，还包括 SimpleAuthAgoraStruct 以及 Proxy 等身份信息，所有这些信息以 GripContext 对象的形式保存在服务端 GripContainer 中。如清单 6-16 所示。

清单 6-15　GOS 中 create 函数声明

```
1  public GripHandle create(String [] parameters) throws Exception;
2  public GripHandle create(UserAuthStruct userAuthStruct,
   AgoraHandle simpleAgoraHandle,
3   String[] parameters) throws Exception;
4  public GripHandle create( UserAuthStruct userAuthStruct,
   AgoraHandle simpleAgoraHandle,
5   Map property, String[] parameters) throws Exception;
```

清单 6-16　GOS 中 GripContainer 的代码示例

```
1  String parameters = " java -Dgos.home =/xxx/xxx/gos3-xxx
   -classpath /xxx/xxx:/xxx/xxx test.junit.xxxx";
2  String[] str = parameters.split(" ");
3  try
4  {
5    //方法一：用户传入网程属性
```

```
6    GripClient gripClient = new GripClient();
7    Map testMap = new HashMap();
8    testMap.put("test", "setproperty");
9    javaappHander = gripClient.create(gc.getUserAuthStruct(),
     gc .getSimpleAgoraHandle(),testMap, str);
10   //方法二：直接继承父网程属性
11   gripClient.create(userAuthStruct,simpleAgoraHandle, str)
12 }
13 catch (Exception e)
14 {
15   e.printStackTrace();
16 }
```

（2）getCurrentGripID 使用介绍。

getCurrentGripID 函数声明如清单 6-17 所示。

清单 6-17　GOS 中 getCurrentGripID 函数声明

```
1  static String getCurrentGripID() throws Exception;
```

在某个网程内调用该接口，获得当前网程的 gripId，如清单 6-18 所示。

清单 6-18　GOS 中 getCurrentGripID 代码示例

```
1  String gripID = GripClient.getCurrentGripID();
```

（3）getCurrentGripContext 使用介绍。

getCurrentGripContext 函数声明如清单 6-19 所示。

清单 6-19　GOS 中 getCurrentGripContext 函数声明

```
1  static GripContext getCurrentGripContext() throws Exception;
```

在某个网程内调用该接口，获得当前网程的 Context，如清单 6-20 所示。

清单 6-20　GOS 中 getCurrentGripContext 代码示例

```
1  GripContext context = GripClient.getCurrentGripContext();
```

（4）getCurrentThreadOperateContext 使用介绍。

getCurrentThreadOperateContext 函数声明如清单 6-21 所示。

清单 6-21　GOS 中 getCurrentThreadOperateContext 函数声明

```
1  OperateContext getCurrentThreadOperateContext();
```

从 ThreadLocal 中获得与当前线程级网程相关的 OperateContext，如清单 6-22 所示。

清单 6-22　GOS 中 getCurrentThreadOperateContext 代码示例

```
1  OperateContext context = GripClient. getCurrentThreadOperateContext ();
```

（5）setCurrentGripContext 使用介绍。

setCurrentGripContext 函数声明，如清单 6-23 所示。

清单 6-23　GOS 中 setCurrentGripContext 函数声明

```
1  void setCurrentGripContext (GripContext gripContext) throws Exception;
```

在某个网程内调用该接口，可设置当前网程 Context，如清单 6-24 所示。

清单 6-24　GOS 中 setCurrentGripContext 代码示例

```
1  GripClient gc = new GripClient();
2  gc.setCurrentGripContext(currentGripContext);
```

（6）setThreadOperateContext 使用介绍。

setThreadOperateContext 函数声明如清单 6-25 所示。

清单 6-25　GOS 中 setThreadOperateContext 函数声明

```
1  void setThreadOperateContext(OperateContext gc)
```

设置当前线程级网程的 OperateContext，将 OperateContext 保存到 ThreadLocal 中，如清单 6-26 所示。

清单 6-26　GOS 中 setThreadOperateContext 代码示例

```
1  GripClient gc = new GripClient();
2  gc.setThreadOperateContext(threadOperateContext);
```

（7）gripStatus 使用介绍。

gripStatus 函数声明如清单 6-27 所示。

清单 6-27　GOS 中 gripStatus 函数声明

```
1  HashMap gripStatus() throws Exception;
2  HashMap gripStatus(String UserOriginalID, String instructionType)
   throws Exception;
3  HashMap gripStatus(String UserOriginalID, String instructionType,
   String siteIP,
4   String sitePort) throws Exception;
```

获得当前节点上所有网程信息，如清单 6-28 所示。

清单 6-28　GOS 中 gripStatus 代码示例

```
1  HashMap map = new HashMap();
2  try
3  {
4    GripClient gripClient = new GripClient();
5    map = gripClient.gripStatus();
6  }
7  catch (Exception e)
8  {
9    e.printStackTrace();
10 }
```

（8）kill 使用介绍。

kill 函数声明如清单 6-29 所示。

清单 6-29　GOS 中 kill 函数声明

```
1  void kill(String gripID, String usrName, String usrPassword)
   throws Exception
```

调用该接口，可杀掉指定 gripId 对应的网程，如清单 6-30 所示。

清单 6-30　GOS 中 kill 代码示例

```
1  try
2  {
3    String gripId = "10.61.0.61:8080/xxxxxxxx";
4    GripClient gripClient = new GripClient();
5    gripClient.kill(gripId, "root", "root");
6  }
7  catch (Exception e)
8  {
9    e.printStackTrace();
10 }
```

2.　WebApp 开发

1）开发环境配置

除了需要做与 JavaApp 相同的配置外，还需要确认在 jakarta-tomcat-5.0.28/
common/lib 下存在 gos-grip-loader.jar 包。

2) 开发接口介绍

（1）SessionClient 介绍。

SessionClient 类只包含一个接口 setSessionContext，该接口的完整声明如清单 6-31 所示。

清单 6-31　　WebApp 开发接口 SessionClient 声明

```
1   static void setSessionContext ( HttpServletRequest request,
    UserAuthStruct userAuthStruct,
2     AgoraHandle agoraHandle);
```

该接口是提供给用户在编写 jsp 页面时调用的，主要功能是将登录获得的用户身份和社区信息存储在请求对象 request 中的 session 变量内。

（2）SessionFilter 介绍。

SessionFilter 继承自 Filter，主要重写了 Filter 中的 doFilter（）函数。

Filter 提供对 Servlet 容器请求和相应对象的检查和修改，它本身并不产生请求和相应对象，而是提供过滤作用。实现不同 Web 应用的 Filter 需要实现 javax.servlet.Filter 接口。在本系统中提供了 SessionFilter 类来对 Web 请求和相应对象进行预处理，主要功能是把对 Servlet 的请求对象 ServletRequest 保存在 ThreadLocal 中。

设置 Web Application 的 Filter 还必须修改 Web Application 的配置文件 web.xml，如清单 6-32 所示为在 web.xml 中添加的内容。

清单 6-32　　在 web.xml 中添加内容代码示例

```
1   <filter>
2    <filter-name>session-filter</filter-name>
3    <filter-class>org.gos.core.grip.session.SessionFilter</filter-class>
4   </filter>
5   <filter-mapping>
6    <filter-name>session-filter</filter-name>
7    <url-pattern>/*</url-pattern>
8   </filter-mapping>
```

（3）ThreadlocalUtil 介绍。

ThreadlocalUtil 提供 ThreadLocal 对象，该对象是一个与该线程绑定的线程变量，因此 WebApp 可将某个用户的信息保存在与相应用户 Thread 的 ThreadLocal 变量中，因此在 Web 容器中，不同的请求对应不同的线程，而不同的线程中又保存着发起请求的不同用户的身份。

(4) 创建 WebApp 型网程介绍。

与创建 JavaApp 型网程类似，创建 WebApp 型网程同样调用 GripClient 提供的 Create() 接口，但传递给 Create() 接口的参数必须是一个 WebApp 包，如打包 Web 应用后生成的 war 包，如清单 6-33 所示。

清单 6-33　打包 Web 应用生成 war 文件示例

```
1  try
2  {
3    GripClient.create(userAuthStruct, simpleAgoraHandle, new
     String[] { "./test.war" });
4  }
5  catch (Exception e)
6  {
7    e.printStackTrace();
8  }
```

创建 WebApp 时，同样将在服务端记录该 WebApp 的用户信息，包括 UserAuthStruct、SimpleAuthAgoraStruct、Proxy 等身份信息，所有这些信息以 GripContext 对象的形式保存在服务端 GripContainer 中。

与 JavaApp 不同的是，保存用户身份信息的 GripContext 在 WebApp 中具有不同的意义：其中，iniUserAuthStruct 和 iniSimpleAgoraHandle 保存着创建该 WebApp 的原始用户的身份信息，而 UserAuthStruct 和 simpleAgoraHandle 保存着调用或登录该 Web App 的各个不同用户的身份信息。

(5) 获取 Webappcontext 介绍。

同样调用 GripClient 中提供的 getCurrentGripContext() 接口来获取当前访问该 WebApp 的用户的 Context。但不同的是，在返回 Context 前，先取得保存在 ThreadLocal 中的 request，然后将保存在 request 的 session 对象中的访问 WebApp 的不同用户的身份信息存入 GripContext 的 UserAuthStruct 和 AuthAgoraStruct 两个字段，然后再返回。

3) 开发实例

下面用一个简单的页面登录测试实例，介绍如何开发利用网程 (grip) 功能的 Web 应用：该 Web 应用包含 3 个网页和一个必需的提供网程功能的 jar 包。

(1) JSP 网页。

① 用户登录页面 index.html。

用户的登录页面包括用户名、社区名与密码三项输入，以及登录与取消两个按钮。当填好这三项输入时，用户可以点击登录按钮进入系统，也可以点击取消按钮取消系统登录。如图 6-8 所示。另外，登录页面的代码如清单 6-34 所示。

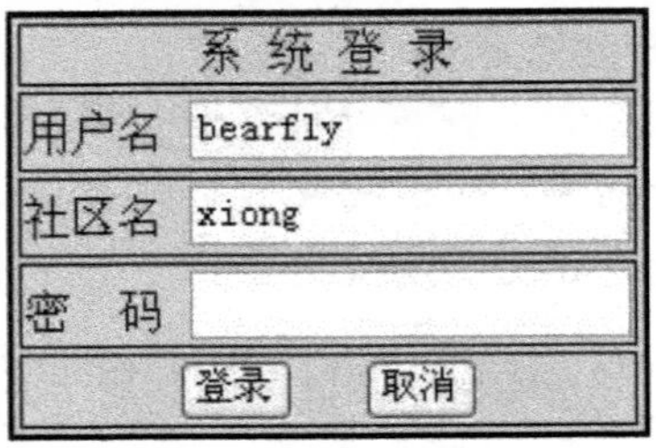

图 6-8　index.html 页面截图

清单 6-34　index.html 代码示例

```
1   <html>
2     <head>
3       <title>系统登录</title>
4       <style type="text/CSS">
5         ...
6         <!--
7           .style1 {...}
8           {
9             font-size: 18px;
10            font-weight: bold;
11          }
12          .style2 {...}{font-size: 24px}
13          .style5 {...}{font-size: 16px}
14        -->
15      </style>
16    </head>
17    <body bgcolor="papayawhip" width="300" height="300">
18      <center>
19        <table border="2" bordercolor="black" bgcolor="lightgreen">
20          <tbody>
21            <tr>
22              <td>
23                <div align="center" class="style1 style2">系统登录</div>
24              </td>
25            </tr>
26            <form action="login.jsp" method="post">
27              <tr>
28                <td height="28">
```

```
29            <span class="style5">用户名</span>
30            <input type="text" name="username" maxlength="20"
              style="width:150">
31          </td>
32        </tr>
33        <br>
34        <tr>
35         <td height="28">
36          <span class="style5">社区名</span>
37          <input type="text" name="agoraname" maxlength="20"
            style="width:150">
38         </td>
39        </tr>
40        <br>
41        <tr>
42         <td>
43          <span class="style5">密  码</span>
44          <input type="password" name="password" maxlength=
            "20" style="width:150">
45         </td>
46        </tr>
47        <br>
48        <center>
49         <tr>
50          <td>
51           <div align="center">
52            <input type="submit" value="登录">  
              <input type="reset" value="取消">
53           </div>
54          </td>
55         </tr>
56        </center>
57       </form>
58      </tbody>
59     </table>
60    </center>
61  </body>
62 </html>
```

② 验证并保存用户身份信息页面 login.jsp。

当点击登录页面上的登录按钮式，index.html 页面将转到 login.jsp 页面来验证用户所填信息的合法性。如果用户所填的信息都正确，那么将转到系统内部页面；否则，提示用户重新输入相应的用户登录信息。

具体代码如清单 6-35 所示。

清单 6-35　login.jsp 代码示例

```
1   <%@page language="java" contentType="text/html;charset=GB2312"
2     import="org.gos.core.grip.session.SessionClient"
3     import="org.gos.core.agora.client.*"
4     import="org.gos.core.user.client.*"
5   %>
6   <%
7   if(!(request.getParameter("username")).trim().equals("")
8     &&!(request.getParameter("agoraname")).trim().equals(""))
9   {
10    String userName = request.getParameter("username").trim();
11    String agoraName = request.getParameter("agoraname").trim();
12    byte[] proxy = new byte[10];
13    proxy[0] = 1;
14    UserHandle uh = new UserHandle();
15    uh.setInitUserID("userID");
16    uh.setOwnerDN("userDN");
17    uh.setName(userName);
18    uh.setInitAgoraID("ownerAgoraID");
19    UserAuthStruct userAuthStruct = new UserAuthStruct(uh, proxy);
20    AgoraHandle agoraHandle = new AgoraHandle();
21    agoraHandle.setInitAgoraID("agoraID");
22    agoraHandle.setName(agoraName);
23    agoraHandle.setOwnerDN("agoraDN");
24    agoraHandle.setInitUserID("ownerID");
25    SessionClient.setSessionContext(request,userAuthStruct,
      agoraHandle);
26    response.sendRedirect("main.jsp");
27  }
28  else
29  {
30    out.println("请输入用户名和社区名！");
```

```
31   }
32 %>
```

③ 获取并显示用户身份信息页面 main.jsp。

以下将获得的 gripContext 显示在页面上，如图 6-9 所示。

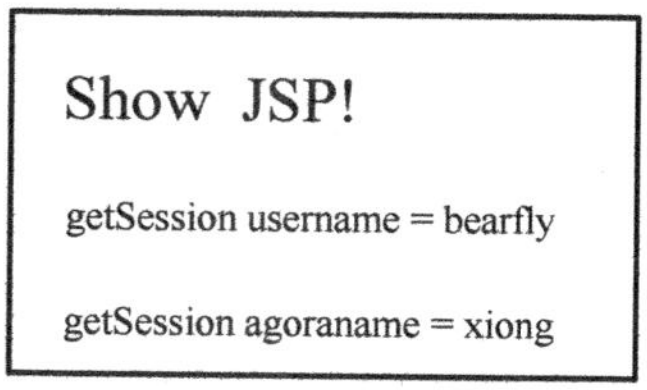

Show JSP!

getSession username = bearfly

getSession agoraname = xiong

图 6-9　获取并保存用户身份信息页面

清单 6-36　main.jsp 代码示例

```
1  <%@page language="java"
2   import="org.gos.core.grip.client.GripClient"
3   import="org.gos.core.agora.client.*"
4   import="org.gos.core.user.client.*"
5   import="org.gos.core.grip.utils.*"
6  %>
7  <html>
8   <head>
9    <title>Show Page</title>
10  </head>
11  <body bgcolor="#CC99DD">
12   <%!String strHello="Show JSP!";%>
13   <h1>
14    <%=strHello%>
15   </h1>
16   <%
17   GripContext webContext = GripClient.getCurrentGripContext();
18   if( webContext != null)
19   {
20    if((webContext.getUserAuthStruct()!=null) && (webContext.
       getSimpleAgoraHandle() != null))
21    {
22     out.println("getSession username = "+ webContext.
        getUserAuthStruct().getUserHandle().getName());
23   %>
```

```
24        <p>
25     <%
26         out.println("getSession agoraname = "+ webContext.
           getSimpleAgoraHandle().getName());
27       }
28     else
29      {
30       out.println("UserAuthStruct Or SimpleAgoraHandle is NULL!");
31      }
32     }
33    else
34     {
35      out.println("GetWebContext is NULL!");
36     }
37    %>
38   </body>
39 </html>
```

(2) jar 包

Web 应用若用到网程(grip)功能，必须在其中包含网程相关的 jar 包，并且命名必须是 gos-grip-common.jar，将其放置于 WebappName/WEB-INF/lib/目录下（网程功能的实现还需要一些相关类的支持，因此该目录下除 gos-grip-common.jar 外还应放置一些其他必须的 jar 包），在该 jar 包中直接涉及的有关 Web 应用的类有如下几种。

① 基本数据结构类。

基本数据结构类，如 UserAuthStruct、SimpleAgoraHandle 和 GripContext。其中 UserAuthStruct 保存用户信息，SimpleAgoraHandle 保存社区信息，GripContext 是 UserAuthStruct 和 SimpleAgoraHandle 的容器。

② 存取用户社区信息类。

存取用户社区信息类，如 SessionClient、SessionFilter、ThreadlocalUtil 和 GripClient 类。在 SessionClient 中提供接口 setSessionContext()，实现将不同用户的身份信息保存在此次 session 中，不同的用户具有不同的 session。而 GripClient 提供的接口 getCurrentGripContext()则是取出保存在 session 中的用户信息。

③ 实现 ThreadLocal 功能类。

实现 ThreadLocal 功能类，如 SessionFilter 和 ThreadlocalUtil 两个类，SessionFilter 实现了 javax.servlet.Filter 接口，并将其设置为该 WebApp 的 Filter，其功能是将访问此次 WebApp 的 ServletRequest 请求对象保存在 ThreadLocal 中；ThreadlocalUtil 实现对保存在 ThreadLocal 中数据的存取，在其中创建了一个静态的 ThreadLocal 对象。

6.8　本　章　小　结

　　本节主要介绍了 CNGrid GOS 项目的相关状况，以及该项目支持的一系列的应用软件。在这些软件的帮助下，用户可以比较便捷地开发自己所需要的网格平台。在开发示例小节中介绍了 GOS 开发的常用方法。如果读者想更深入地了解 GOS，请自行查阅相关的资料。

第三篇　网格应用部署

近年来，随着网格应用的推广和普及，网格系统的研制也由原来各自设计和开发逐步过渡到系统的标准化和规范化，正在形成格式统一的，实现跨平台互操作的网格平台共享。在网格系统开发的早期，网格应用通常是和网格平台一同开发的，两者之间的界限不是很明确（例如文献[90]），这种从平台到应用的直接开发模式导致网格应用的维护必须与网格平台的维护同步进行。随着网格应用的逐步普及，网格逐渐成为一种基础设施，不再是针对某一种具体应用的系统，在这种情况下，原有的开发方式明显暴露出它的不足。首先由于网格用户的众多要求，网格系统已经无法事先约定好具体的应用格式；其次网格用户和网格开发者之间缺乏联系，不可能共同围绕一个很专业的问题合作开发或者维护网格系统。因此之后的网格系统开发就把网格平台与网格服务进行了分离，这就是现在的网络系统架构模式。

早期的网格服务和网络服务是两个平行的概念，随后逐步趋向统一，这种概念上的演化可以从各种规范的发展中看出。例如网格系统是以 OGSI [91]作为基本规范的，而 Web 2.0 是以 WSRF 作为基本规范，两者之间实际上没有太多本质的区别，主要是服务的粒度不同。网格服务的粒度要大些，因此网格服务在装配和提供方面采取了更加实际和面向问题的策略；而网络服务的粒度较小，因此服务的装配更加倾向于面向系统的策略。随着 OGSI 和 WSRF 的发展，两种概念得到了基本的统一，网格服务和网络服务被同质化。网格服务被看作是网络服务的一种组织方式，都以 WSRF 作为基本规范，在网络服务下，用户可以通过个性化的请求得到具体的服务，这种服务通过系统响应用户的请求进行装配和提供（我们回想一下，最早的用于量子物理海量数据共享的网格是一个专门化的应用系统，它只能提供十分单一的功能）。把服务平台与服务本身分离为网格系统的开发带来很多优越性，它可以使得网格系统真正成为一种通用的基础设施而得到广泛的应用和普及。云计算就是一种资源相对密集，可以响应具有相同属性的众多用户的各种未知的服务请求。

在当前的网格服务[92]规范中，例如 WSRF，网格服务是一组资源（resource）和约定（convention）的集合，这些资源根据约定去提供用户端的引用。这些服务使用 XML 文档进行描述，并且使用 WSDL 的 portType 定义其语义，即进行服务装配。用户通过请求来得到各种各样的服务，这样开发出来的网格系统具有很好的灵活性，可以动态地满足用户的不同需求。但是在实际中，这些规范仍然存在两个大的问题：

(1)现有的网格服务规范都是面向系统的,无论是服务的发现和装配,组织和调度都是从系统的角度来设计的。但是从用户的角度来看,一个网格系统的使用环境、资源状态、管理策略可能是不稳定的,因此用户需要有一个相应的使用策略,这种策略可以保证用户在使用网格时安全地完成任务。而这种策略由于强烈的个性化特征(例如一个网络很完善地区的用户和一个网络经常中断地区的用户,对于网格可靠性的体验就会完全不一样),不可能由网格系统本身给出,需要为用户提供一种灵活的方式来因人而异、因任务而异地设计网格的应用策略。例如对于多个作业一次计算类型的任务(many jobs once computation,MJOC),和一个作业多次计算类型的任务(one job many computations,OJMC),用户就需要差异较大的环境。

(2)为了应对各种用户不同的要求,现在网格系统被做得越来越庞大,但是一个具体用户的一次具体的应用,却只需要网格上特定的资源,因此在有限的资源范围内为用户专门去设计资源的调用策略,或者服务的装配模式很有必要,否则用户将被淹没在资源的大海中,难以有效地发现和使用网格资源。

基于以上两个理由,在现有网格规范[93]的基础上,需要有一个专门提供给用户使用的规范,它应该具备以下的功能:

(1)它应该是一种轻型的规范,使得用户能够方便地描述所需要的特殊应用环境,该规范支持用户的环境描述与网格系统环境的连接操作(interconnection),从而为用户快速搭建完成任务提供的恰当环境。

(2)它应该是一个灵活的规范,能够面向用户适应不同的任务需求,满足用户设置的使用策略。为用户屏蔽一些不必要的网格信息,使得用户在一个"简洁"的环境中使用网格。

(3)它最好还应该是一个通用的规范,与现在主流规范相适配,能够很好地翻译成主流规范的形式语法和操作语义,从而能够支持跨网格平台[13, 66, 94, 95]的操作。

本篇将在上面讨论的基础上进行尝试,给出了一个称作"应用部署接口框架"(ADIF)的规范架构。该架构提供了面向用户的接口。利用这些接口,用户开发网格应用时只需描述他们的应用需求,而无需关注网格底层的接口。ADIF 涵盖四个重要方面,分别是资源管理、工作流管理、用户日志管理以及在网格应用环境下的满足用户需求的基于特殊事件的订阅与通知机制。所有这些特性都促使网格应用开发与定制日渐简易化。在这个架构下,用户能够方便地开发各种各样的应用环境,如电子商务与电子科学。因而用户总是工作在一个恰好合适的集成了各种各样应用的网格环境下,这可以有效地提高用户管理网格资源的效率。

应用部署接口框架由四个独立的部分构成,它们分别是 ADIF——资源管理、ADIF——工作流管理、ADIF——通知与订阅机制,以及 ADIF——日志管理。接下来的几个章节,我们首先给出应用部署接口框架的一个整体概述,随后详细介绍这四个独立的部分,以及它们之间的内在联系。

第 7 章

应用部署概述

近年来，随着科学技术的迅猛发展，网格计算已经整合大量资源成为了一个新的重要研究领域。与传统的分布式计算不同，它主要关注于大规模资源共享、创新应用以及特殊情况下的高性能计算[96]。随着网格计算技术的进一步发展，网格计算架构及其相关参考实现已经成为工业界与科研界，尤其是电子科学界里较为成熟的计算与资源共享平台。目前，参照流行的网格架构，众多的社团与公司已经分别设计开发了各自的网格平台，如 gLite[95]、UNICORE[94]、Globus[13]、CGSP、CNGrid[85]、CROWN[97]。与此同时，受利益驱使，基于这些平台，众多的网格应用应运而生，如生物网格[98]、化学网格[99, 100]、医学网格[101]，知识网格[102]等，提高了应用的性能，网格平台中的硬件与软件的资源也得到了充分的利用。然而，一系列的问题却接踵而至：

(1)网格应用难于被领域用户使用。

(2)网格应用难于移植到异构网格平台。

(3)异构网格平台间的互操作难于实现，特别是资源之间的互操作[103-105]。

导致这些问题出现的原因是，大多数网格应用是由网格平台的设计者直接基于网格平台所提供的接口来设计开发的，并没有充分考虑领域专家的需求。也就是说，网格应用的开发是面向网格，而非面向用户的，这必将导致较差的用户体验。由于网格应用与相应的网格平台如此紧密地耦合地一起，网格应用很难移植到异构网格平台。甚至网格平台与应用之间的界限也变得很模糊，以至于网格开发者与领域用户变得非常困惑(如图 7-1 所示)。网格开发者不仅要参与网格核心功能的开发，而且还必须熟悉如何直接在网格平台上开发应用。同样地，应用用户也必须熟悉网格底层环境，如参数表示的意义，命令行的格式等。

因此，这里我们提出一个新颖的架构，将网格应用"部署"到网格系统之上，与传统的网格应用与网格平台一同开发的方式不同。在 ADIF 中，网格平台与网格服务被认为是已经定义好的，并且服从 WSRF 的规范要求，网格平台和网格服务合起来称为网格系统。ADIF 是构建网格系统与用户任务之间的联系。在 ADIF 中，一个用户任务是一组作业和相应的资源请求的集合。运行这些作业所需要的环境，以及这些作业之间的关系，作业与资源请求之间的关系都由用户定义，其中有些作业和资源请求是动态的，它需要根据前面的作业返回结果或者系统的环境来变化，这些也由用户进行定义。ADIF 将通过解释用户对任务的描述来形成符合 WSRF 标准的资源请求及环境建立。因此，ADIF 在用户的网格应用与网格系统之间形成了一个被称为应用部署接口框架的规范，它为网格系统的服务接口提供了一个面向用户的抽象。事实上，这个抽象是一个面向用户的接口，它屏蔽了网格系统直接提供服务的细节。如图 7-2 所示，网格应用与网格系统之间通过 ADIF 进行耦合，从而使得用户不必去关心网格系统的具体运行模式，而只需要根据 ADIF 去描述完成任务的作业组织方式和资源请求顺序。具体说来，ADIF 为用户提供了一种通过 XML 文档部署所需应用任务到网格系统上的方式。在这种模式下，用户描述他们的需求，这些需求包括所需资源的性质、个人作业管理的模式、用户与网格系统之间的交互方式以及用户关心的特殊日志文档。ADIF 包括这四个关键规范，它们分别是资源管理、工作流管理、基于特殊事件的通知机制以及用户日志管理。

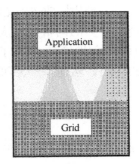
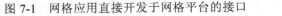

图 7-1　网格应用直接开发于网格平台的接口　　　图 7-2　网格应用部署在网格平台上

　　在这个文档中，ADIF 被具体分化为四个主要部分。这四部分给出了将应用部署到网格上这一概念的正式描述，以及它们之间的联系与相关的 XML 定义。

　　这四个主要部分的描述信息如表 7-1 所示，它主要包含以下几条定义。

　　(1) ADIF——资源管理。用于描述应用所需资源属性的定义，使得用户可以逻辑上根据需要查询、部署、反部署评价或者取代资源。

　　(2) ADIF——工作流管理。满足用户需求的个人作业管理模式的定义，这包括以虚拟的方式设计复合作业流程，描述作业要求的执行环境。

　　(3) ADIF——通知与订阅机制。基于事件驱动的用户与网格之间的交互模式的定义。

　　(4) ADIF——日志管理。用户关心的日志定义。

表 7-1 应用部署接口框架的四个主要部分概览

名称	描述
ADIF——资源管理	描述用户所需资源属性的定义
ADIF——工作流管理	满足用户需求的个人作业管理模式的定义
ADIF——通知与订阅机制	基于事件驱动的用户与网格之间交互的定义
ADIF——日志管理	创建满足用户需求的特殊日志文档的定义

在接下来的描述中，本篇首先介绍一些常用术语和概念，随后介绍应用部署的概念，最后依次陈述每一个应用部署接口框架的相关部分。

7.1 符 号 约 定

第 8~11 章中的关键字"MUST"，"MUST NOT"，"REQUIRED"，"SHALL"，"SHALL NOT"，"SHOULD"，"SHOULD NOT"，"RECOMMENDED"，"MAY"，与"OPTIONAL"的解释与 RFC-2119[106]相同。

本规范使用非正式的方法来描述资源管理文档的 XML 语法：

(1)语法作为一个 XML 实例出现，但是值表示的是数据类型而非数值。

(2)被追加到元素或属性后的字符的示意如下："？"(0 或 1)，"*"(0 或更多)，"+"(1 或更多)。

(3)以"…"结尾的元素名称(如<element…/>或<element…>)表示因与上下文无关而被忽略的元素或属性。

(4)以黑体呈现的语法表示其在早期的文档中还未被引入，或者只是一个比较有趣的例子。

(5)XML 命名空间前缀(上述定义的)用于指出元素的命名空间已经被定义。

(6)<##other>是将来可能被引入的元素的一个占位符。

(7)以"<?xml"开头的例子包含遵守此规范的信息；其他例子只是一些片段，并且需要指定额外的信息来遵守此规范。

(8)一些可扩展的度量由中国网格支撑平台(CGSP)引入，如调用地址等。

(9)XSD 模式用于提供附件 C 中的这个部署清单的正式定义。

7.2 本 章 小 结

本章主要介绍了网格应用部署接口框架提出的缘由，以及它所包括的四个主要部分。这四个主要部分是相辅相成的关系，利用这四个部分提供的接口，网格用户可以方便地使用网格平台中相关的被授权的资源。

第 8 章

ADIF——资源管理

随着信息科学的迅猛发展，网格计算已经逐渐成为一个新的领域。与传统的分布式计算不同，它关注于大规模资源共享、创新应用以及特殊情况下的高性能计算。随着网格计算技术的日趋成熟，网格系统逐渐整合成为一个对用户透明的超级聚合体。在某种程度上，网格计算是一个集资源共享与动态协调解决问题为一体的多机构虚拟化组织。它的宗旨是使计算与服务普遍化。

通常情况下，单个用户只关心网格系统中满足自身需求的部分资源，而这些资源一般都是混杂于分门别类的众多资源当中。为了方便单个用户快速地找到满足自身需求的资源，本章提出了用户按照自身需求定制资源的标准化管理模式。这种模式主要包括资源的查询、部署、反部署、评价以及取代等操作。

为了方便用户描述资源需求，本章中定义了能够描述资源属性的可扩展的 XML 语法集，并给出了定制资源标准化的相关模式。

8.1 目　　标

ADIF——资源管理的目标是将与资源管理有关的术语、概念、操作，以及用于描述资源属性的 XML 语法标准化。

8.2 命名空间

表 8-1 中的命名空间前缀将在本章中使用。

表 8-1　ADIF——资源管理命名空间

前缀	命名空间 URI	定义
xsi	http://www.w3.org/2001/XMLSchema-instance	由 XSD 定义的实例命名空间
xsd	http://www.w3.org/2001/XMLSchema	由 XSD 定义的模式命名空间
tns	http://grid.lzu.edu.cn /adif/ADIF-RM	"目标命名空间"（tns）前缀作为指示当前文档的一个约定

注意，在 ADIF——资源管理文档里，http://grid.lzu.edu.cn/adif/ADIF-RM 作为一个默认命名空间，因而出现在本文档中的元素将不带命名空间前缀。属性"xsi:schemaLocation"用于指示如何为目标命名空间查找 XSD 文档。

8.3　术　　语

本规范中的术语与用法将在下面的定义中做出简要的介绍。

资源查询：允许用户在网格系统中按照属性查询资源。

资源部署：定制个人资源时，用户只需填写一个包含自身所需资源的几个关键属性的 XML 格式的部署清单，就可以将所需的资源添加到用户资源列表中。

资源反部署：用户删除用户资源列表中的指定资源。此操作允许用户删除不可用的，或者暂时不需要的资源。注意，该操作并不能删除网格平台中的资源。

资源评价：允许用户评价自己所用过的资源，并将该资源推荐给其他用户。

资源取代：如果某个资源在使用过程中失效，或者是不可用，该操作允许系统自动给出可取代该资源的资源列表。

8.4　资源管理操作

网格系统是一个以协同数据与计算资源共享作为目标的虚拟组织。随着网格计算在科研领域的逐渐盛行，超级计算、大型计算机、数据库与设备等越来越多的资源云集于网格系统中。网格系统通常只是将发布的资源聚集在一起以形成一个公用资源池而很少关注资源的详细分类与属性信息。它们往往只需要网格系统中的很少一部分资源，因而从海量数据中寻找用户所需的特定资源就成为一个亟待解决的问题。

为了从用户的角度实现上述目标，ADIF——资源管理提出了一系列的标准接口，并描述了几个标准函数，接下来将对这几个函数进行详细描述。

8.4.1　资源查询

通常来说，网格系统中的资源在不断更新，资源数量也与日俱增，用户查找自身所需资源的困难度也在逐步增加。因而，网格系统有必要为用户提供按照某种属性查询资源的功能。一般来说，用户可能会根据名称、版本、开发者、供应商、运行环境、位置、推荐次数、可靠性等属性来查询特定的资源。为了规范这一查询过程，本章以 XML 模板的形式给出它的主要语法结构如清单 8-1 所示。

清单 8-1　资源查询 XML 语法结构

```
1  <query>
2    <part name="nmtoken" compare="{EQ|NE|GE|LE|GT|LT|MIN|MAX}"
     types="{numAttrType|strAttrType}"/> *
3  </query>
```

值得注意的是：当空缺<part/>标签时，默认为空条件查询，亦即任何资源都是满足查询结果的。此处的 numAttrType 与 strAttrType 将在 8.5.3 节中做出详细的定义。如果不特别指出，下文将沿用这一定义。

8.4.2　资源部署

用户可能仅仅对与自己的研究领域相关的资源感兴趣，也就是说，他们对网格系统中的大多数资源并不关注。而且，用户大多都喜欢将自己日常所需的资源进行统一管理，而不喜欢每次使用时都再进行查询。为了便于规范用户资源的管理，我们提供一个称之为资源列表的容器用于按照用户意愿存储资源。该资源列表的主要语法结构如清单 8-2 所示。

清单 8-2　资源列表 XML 语法结构

```
1  <resourceList>
2    <classification> +
3     <name>"nmtoken"</name>
4     <resource>*
5      <name>"nmtoken"</name>
6      <version>"nmtoken"</versiont>
7      <location>"nmtoken"</location>
8      < description>"nmtoken</description>?
9     </resource>
10   </classification>
11 </resourceList>
```

这里的 resourceList 包含一个至少出现一次的子元素 classification。元素 classification 用来表示资源的分类，它由 name 与 resource 两个元素构成。其中元素 name 表示分类名，它在 classification 中只能出现一次；resource 表示资源，它在 classification 中可以出现任意次数。元素 resource 由 name、version、location 与 description 四个元素构成。其中属性 name 表示资源名称；version 表示资源版本；location 表示资源位置；description 表示资源描述。注意元素 name、version 与 location 在 resource 中只能出现一次；而 description 在 resource 中至多出现一次。

有了用户资源列表，用户就可以将自己喜欢的资源进行收藏，但是在大量的资源中查询少量满足自己需求的资源是一件很枯燥的事情。为了给用户更好的体验，网格系统为用户提供资源的个性化定制。用户可以根据自己的资源需求描述一个 XML 清单——部署清单，而后网格系统会根据该部署清单将用户所需的资源添加到用户列表中。清单 8-3 是资源部署的 XML 模板的主要语法。

清单 8-3　资源部署 XML 语法结构

```
1  <deploy>
2    <part name="nmtoken" compare="{EQ|NE|GE|LE|GT|LT|MIN|MAX}"
     types="{numAttrType|strAttrType}"/> *
3  </deploy>
```

8.4.3　资源反部署

就像上节提到的，用户可以定制个性化资源，从网格平台中部署所需的资源，并保存到自己的用户资源列表里面。然而，网格系统中的资源经常地变化，某些资源时而不可用，时而过时，抑或再次可用。为了获得更好的用户体验，网格系统应当允许用户删除用户资源列表中不可用或者暂时不需要的资源。注意该操作不应当将网格系统中的资源删除。清单 8-4 给出了一个资源反部署的 XML 模板的主要语法。

清单 8-4　资源反部署 XML 语法结构

```
1  <undeploy>
2    <resource/>*
3  </undeploy>
```

8.4.4　资源评价

为了使用户更方便地找到优秀的资源，允许用户对自己使用过的资源进行评价是很有意义的事情。因而，在网格系统中，用户可以根据自己使用资源的情况给资源一定的评价，并决定是否将该资源推荐给其他用户。为了标准化这一过程，清单 8-5 给出了一个 XML 格式的资源评价模板。

清单 8-5　资源评价 XML 语法结构

```
1  <evaluate>
2    <evaluation/> *
3  </evaluate>
```

8.4.5　资源取代

　　由于网格中的资源可能时常不可用，这就给用户使用资源带来很大的不便。为了让用户更加流畅地使用资源，本章提出一个资源的取代模板。使用该模板，当指定的资源不可用时，系统会自动地为用户寻找合适的资源来替代不可用的资源。取代模板的 XML 格式如清单 8-6 所示。

清单 8-6　资源取代 XML 语法结构

```
1    <replace>
2      <principle /> *
3    </replace>
```

8.5　开 发 示 例

　　网格是一个全球的、分布式的、协同的环境。网格系统拥有众多的资源，如计算机、数据库、软件与设备等。然而，这些资源的管理与分布通常都是松散的、无序的，以至于用户很难从中找到满足自己需求的资源。为了让用户能够更容易地从网格平台中找到自己所需的资源，第七章中提出了网格系统中资源的五种操作。用户可以根据这五种操作管理自己所需的资源。为了简单起见，这里只给出资源部署的例子，其他的例子可以类似得来。

8.5.1　文档示例

　　清单 8-7 给出了资源部署操作的一个例子。

清单 8-7　资源部署操作 XML 示例

```
1    <?xml version="1.0" encoding="UTF-8"?>
2    <resourceManagement xmlns="http:/grid.lzu.edu.cn/ADIF_RM/1.0"
3      xmlns:xsi="http://www.w3.org/2001/XMLSchema-instance"
4      xsi:schemaLocation="http://grid.lzu.edu.cn/ADIFRMSchema/1.0
     ADIFRMSchema.xsd">
5      <import xsi:schemaLocation="http://grid.lzu.edu.cn/ADIFRMSchema/
     RMtyeps.xsd"/>
6      <deploy>
7        <part name="Category" compare="EQ" types="strAttrType">
     Chemistry</part>
8        <part name="CpuNumber" compare="MAX" types="numAttrType">
     2</part>
```

```
 9      <part name="CpuSpeed" compare="GE" types="numAttrType">3000</part>
10      <part name="CpuIdle" compare="LE" types="numAttrType">2000</part>
11      <part name="MemoryTotal" compare="GE" types="numAttrType">2048</part>
12      <part name="MemoryFree" compare="GE" types="numAttrType">1024</part>
13      <part name="DiskTotal" compare="GE" types="numAttrType">200</part>
14      <part name="DiskFree" compare="GE" types="numAttrType">100</part>
15      <part name="ProcessTotal" compare="GE" types="numAttrType">64</part>
16      <part name="ProcessRun" compare="MIN" types="numAttrType">48</part>
17    </deploy>
18 </resourceManagement>
```

8.5.2　文档结构

资源管理文档有一个根节点 resourceManagement，而 resourceManagement 由六个子元素构成，它们分别是：import、query、deploy、undeploy、evaluate 以及 replace。

清单 8-8 给出了资源管理文档的一系列简单描述。

清单 8-8　资源管理 XML 文档示例

```
 1  <?xml version="1.0" encoding="UTF-8"?>
 2  <resourceManagement  xmlns:xsi="anyURL" xsi:schemaLocation=
    "anyURL" xmlns="anyURL">
 3    <import schemaLocation="xsi:string"/>
 4    <query>
 5     <part name="nmtoken"
 6      compare="{ EQ|NE|GE|LE|GT|LT|MIN|MAX }"
 7      types="{numAttrType|strAttrType}"/> *
 8    </query>
 9    <deploy>
10     <part name="nmtoken"
11      compare="{ EQ|NE|GE|LE|GT|LT|MIN|MAX }"
12      types="{numAttrType|strAttrType}"/> *
13    </deploy>
14    <undeploy>
15     <resource/> *
16    </undeploy>
17    <evaluate>
18     <evaluation/> *
19    </evaluate>
20    <replace>
```

```
21      <principle/> *
22   </replace>
23 </resourceManagement>
```

8.5.3　文档约定

1.　ADIF 扩展类型

目前，资源管理清单支持 20 多种度量（详见附录 A），其中范畴是最重要的一个度量，并且对资源管理操作产生主要影响。这些度量属于 numAttrType 或 strAttrType 类型，它们都是简单类型（详见附录 B）。其中 numAttrType 表示参与比较的对象是数值；strAttrType 表示参与比较的是字符串。这里规定 numAttrType 为一个仅包含"EQ"、"GT"、"LT"、"GE"、"LE"、"NE"、"MIN"与"MAX"的枚举类型，而规定 strAttrType 为一个仅包含"EQ"、"GE"、"LE"与"NE"的枚举类型。

2.　符号约定

关于部署清单，这里需要注意的是：

（1）对于一个元素来说，属性值"EQ"与"NE"是互斥的，属性值"GT"与"LT"也是互斥的。此外，对于数值类型的元素来说，属性值"MIN"与"MAX"也是互斥的。

（2）numAttrType 与 strAttrType 元素可以在部署清单中出现多次。

资源管理清单符号约定如表 8-2 所示。

表 8-2　资源管理清单符号约定

名称	符号	strAttrType	numAttrType
GE	>=	包含	大于等于
LE	<=	包含于	小于等于
EQ	=	等于	等于
NE	!=	不等于	不等于
GT	>	真包含	大于
LT	<	真包含于	小于
MIN	min	——	最小值
MAX	max	——	最大值

8.5.4　文档核心元素集

1.　元素 resourceManagement

部署清单文档的根元素为 resourceManagement，它表示 ADIF 的资源管理模式。目前，资源管理提供资源查询、资源部署、资源反部署、资源评价与资源取代等操作。注意,元素 resourceManagement 包含六个子元素:import,query,deploy,undeploy,
evaluate 与 replace。其中元素 import 用来指向类型文件的位置信息;元素 query 用
来指向资源查询的操作信息与约定;元素 deploy 用来指向资源部署的操作信息与约
定;元素 undeploy 用来指向资源反部署的操作信息与约定;元素 evaluate 用来指向
资源评价的操作信息与约定;元素 replace 用来指向资源取代的操作信息与约定。

清单 8-9 给出了 resourceManagement 元素语法的主要结构。

清单 8-9　元素 resourceManagement 的 XML 语法结构

```
1  <resourceManagement>
2    <import/>
3    <query/>
4    <deploy/>
5    <undeploy/>
6    <evaluate/>
7    <replace/>
8  </resourceManagement>
```

2. 元素 import

元素 import 指向类型文件的位置信息,它在处理操作信息的资源管理活动中起
着举足轻重的作用。元素 import 在部署清单文档中最多只能出现一次。属性
schemaLocation 表示类型文件的 URL 地址。

清单 8-10 是元素 import 语法的主要结构。

清单 8-10　元素 import 的 XML 语法结构

```
1  <import schemaLocation ="http://grid.lzu.edu.cn/RMtypes.xsd"/>
```

3. 元素 query

元素 query 用来指向资源查询的操作信息与约定。它拥有一个可以出现任意次
数的子元素 part。

元素 query 主要语法结构如清单 8-11 所示。

清单 8-11　元素 query 的 XML 语法结构

```
1  <query>
2    <part name="nmtoken" compare="{EQ|NE|GE|LE|GT|LT|MIN|MAX}"
       types="{numAttrType|strAttrType}"/> *
3  </query>
```

4. 元素 deploy

元素 deploy 用来指向资源部署的操作信息与约定。它拥有一个可以出现任意次数的元素 part。

清单 8-12 是元素 deploy 的主要语法结构。

清单 8-12　元素 deploy 的 XML 语法结构

```
1  <deploy>
2    <part name="nmtoken" compare="{EQ|NE|GE|LE|GT|LT|MIN|MAX}"
     types="{numAttrType|strAttrType}"/> *
3  </deploy>
```

5. 元素 undeploy

元素 undeploy 用来指向资源反部署的操作信息与约定。它拥有一个可以出现任意次数的元素 part。

清单 8-13 是元素 undeploy 的主要语法结构。

清单 8-13　元素 undeploy 的 XML 语法结构

```
1  <undeploy>
2  <resource/>*
3  </undeploy>
```

6. 元素 evaluate

元素 evaluate 用来指向资源评价的操作信息与约定。它拥有一个可以出现任意次数的元素 evaluation。

清单 8-14 是元素 evaluate 的主要语法结构。

清单 8-14　元素 evaluate 的 XML 语法结构

```
1  <evaluate>
2    <evaluation /> *
3  </evaluate>
```

7. 元素 replace

元素 replace 用来指向资源取代的操作信息与约定。它拥有一个可以出现任意次数的元素 principle。

清单 8-15 是元素 replace 的主要语法结构。

清单 8-15　元素 replace 的 XML 语法结构

```
1   <replace>
2     <principle/> *
3   </replace>
```

8. 元素 part

元素 part 用来描述资源操作的需求信息。它由 name、compare 以及 types 三个属性构成。这里，属性 name 代表操作参数名称值；属性 compare 代表元素大小关系的值；属性 types 代表参数属于哪种类型（定义于 8.5.3 节）。注意：元素 part 能够在文档中出现任意次。

元素 part 的主要语法结构如清单 8-16 所示。

清单 8-16　元素 part 的 XML 语法结构

```
1   <part name="nmtoken" compare="{EQ|NE|GE|LE|GT|LT|MIN|MAX}"
      type="{numAttrType|strAttrType}"/>
```

9. 元素 evaluation

元素 evaluation 用于描述资源评价的需求信息。它由四个子元素构成：name、location、isPromoted 以及 description。其中，元素 name 代表待评价的资源名称；元素 location 代表待评价的资源位置；元素 isPromoted 代表是否推荐待评价的资源；元素 description 代表对待评价资源的评价描述。注意元素 name、location 以及 isPromoted 只能出现一次；而元素 description 可以出现任意次数。

元素 evaluation 的主要语法结构如清单 8-17 所示。

清单 8-17　元素 evaluation 的 XML 语法结构

```
1   <evaluation>
2     <name/>
3     <location/>
4     <isPromoted/>
5     <description/>*
6   </evaluation>
```

10. 元素 description

元素 description 用于描述资源评价的具体评价信息。它由元素 property 与 content 构成。其中 property 表示待评价资源的属性；content 表示对待评价资源属性的具体评价内容。注意这两个元素只能出现一次。

元素 description 的主要语法结构如清单 8-18 所示。

清单 8-18　　元素 description 的 XML 语法结构

```
1  <description>
2    <property/>
3    <content/>
4  </description>
```

11. 元素 resource

元素 resource 用于描述资源反部署中的具体资源。它由元素 name、version 以及 location 构成。这三个元素在 resource 中只能出现一次。其中元素 name 表示资源名称；元素 version 表示资源版本；元素 location 表示资源位置。

元素 resource 的主要语法结构如清单 8-19 所示。

清单 8-19　　元素 resource 的 XML 语法结构

```
1  <resource>
2    <name/>
3    <version/>
4    <location/>
5  </resource>
```

12. 元素 principle

元素 principle 用于描述资源取代的具体规则。它由五个元素构成：name、location、priority、isPromoted 与 candidate。其中元素 name 表示需要取代的资源的名称；元素 location 表示需要取代的资源的位置信息；元素 priority 表示该原则被执行的顺序（数值越小，执行的优先级越高）；元素 isPromoted 表示需要取代的资源是否被推荐；元素 candidate 表示候选资源。

元素 principle 的主要语法结构如清单 8-20 所示。

清单 8-20　　元素 principle 的 XML 语法结构

```
1  <principle>
2    <name/>
3    <location/>
4    <priority/>
5    <isPromoted/>
6    <candidate/>*
7  </principle>
```

13. 元素 candidate

元素 candidate 用于描述候选资源的描述。它由三个子元素构成：name、priority 与 part。其中元素 name 表示候选资源的名称；元素 priority 表示候选资源的排名（排名越靠前，越先被使用）；元素 part 表示对候选资源的要求。注意这里的 name 只能出现一次；而 part 可以出现任意次数。

元素 candidate 的主要语法结构如清单 8-21 所示。

清单 8-21　元素 candidate 的 XML 语法结构

```
1  <candidate>
2    <name/>
3    <priority/>
4    <part/>*
5  </candidate>
```

8.6　本 章 小 结

本章给出了资源管理的五种操作，并描述了相应操作的 XML 模板。在此指导下，用户只需填写相应的 XML 文档，就可以方便地进行资源管理。

第 9 章

ADIF——工作流管理

　　网格能够把多个不同的组织连接起来形成一个虚拟的组织，使得多个部门能够协作解决问题，也因此受到科学界的关注和追捧。如今，高能物理学、地球物理学、天文学与生物信息学等多个科学领域都在利用网格进行大量数据的共享与处理。为了支持复杂研究实验，需要计算设备、数据、应用软件与科学基础设施等多种分布式资源进行协同工作，整个工作流程需要精心地安排与布局。然而，目前大多数的环境并没有完全屏蔽底层的业务流程语言与中间件的复杂关系，要求用户在不同的执行环境遵循不同的需求规范，这无疑给用户造成巨大负担。

　　因此，本章为用户提供了一个虚拟工作流设计器，它提供了一个图形化界面，以方便用户通过向画布拖拽图形元素的方式组建一个工作流。另外，提供了一个描述作业执行环境的词汇表以及相应的 XML 文档，以方便用户能够在工作流中描述执行环境。

　　本章给出了工作流管理的目标与要求，定义了过程控制的结构、工作流设计器以及需求文档的格式。

9.1 目　　标

　　工作流管理规范的目标是标准化满足用户需求的工作流管理的相关术语、概念、操作，以及 XML 语法。

9.2 命　名　空　间

　　表 9-1 中的命名空间前缀将在本章中使用。

表 9-1　工作流管理命名空间

前缀	命名空间 URI	定义
xsi	http://www.w3.org/2001/XMLSchema-instance	由 XSD 定义的实例命名空间
xsd	http://www.w3.org/2001/XMLSchema	由 XSD 定义的模式命名空间
tns	http://grid.lzu.edu.cn/adif/adif-wfm	"目标命名空间"（tns）前缀作为指示当前文档的一个约定

　　注意，在 ADIF 工作流管理文档里，http://grid.lzu.edu.cn/adif/adif-wfm 作为一个默认命名空间，因而出现在本文档中的元素将不带命名空间前缀。属性"xsi:schemaLocation"用于指示如何为目标命名空间查找 XSD 文档。

9.3　术　　语

　　对本章中的术语与用法做如下简要介绍。

　　(1)活动。工作流的基本元素，执行过程活动。

　　(2)工作流设计器。这是一个图形化界面，它使用户能通过拖拽图形元素到画布的方式组建一个工作流。

　　(3)视图。这是一个方便用户拖拽工作流元素的编辑器。

　　(4)需求文档。这是一个词汇表与一个正式的 XML 模式，描述执行环境的需求。

9.4　工作流管理操作

　　工作流是事务的执行过程，该过程制定完成该事务所需要的步骤，每个步骤要做的工作与涉及的数据，以及流程中数据的传递关系。所以工作流管理系统需要定义、管理与执行事物的流程。

　　本章给出了过程控制的传统结构及其相应的工作流设计器。该设计器能够动态地创建能够运行于分布式系统上的应用程序。本章的创新之处在于用户能够为工作流中的每个过程设置执行环境，选择满足要求的执行环境，以达到用户总体的要求。执行环境的描述形式采用 XML 模式与相应的词汇表。

9.4.1　过程控制结构定义

　　结构化的过程指定了一系列动作执行的顺序，它描述了怎样通过组合基本动作创建一个结构化的业务流程，这些结构称为控制模式。

　　本章仅定义如下几个控制模式的结构化动作，它们分别是顺序控制、并行控制、循环控制、条件控制以及选择控制。

9.4.2　工作流设计器定义

　　将网络服务(Web Service)组合成大型工作流的方法有很多，其中的大部分方法都是通过定制工作流语言与相应的元素环境来实现的。有些人可能认为，工作流语言不够直观，而且依赖于一系列的基于 XML 的标准，这意味着更多的用户(除了计算机)应该熟悉复杂的 XML 标准与分布式系统。因此，工作流设计器应运而生，它能够让用户无需记忆这些烦杂的 XML 标准，只需在画布上拖拽图形元素就能够建立一个满足自己需要的工作流。

在本章中，工作流设计器将可视化操作过程与可视化转化为具体代码的过程分离出来，以减少用户设计工作流的复杂度。同时，这也减化了设计器的结构。

9.4.3　工作流需求定义

在网络环境中，存在着各种类型的应用资源，同一类型的资源也可能很多。对用户来说，按照自身对工作流的需求，定制适合自己的应用资源就显得十分必要。因此，本章提供了一个描述应用资源的词汇表以及相应的 XML 文档，以方便用户能够在工作流中描述执行环境。

9.5　过 程 控 制

对业务流程上的所有动作而言，需要制定执行顺序集来描述由基本事件组合而成的结构化业务流程。这些结构通过控制模式来实现。

本章定义了如下几种控制模式：

(1) 顺序控制；

(2) 并行控制；

(3) 循环控制；

(4) 条件控制；

(5) 选择控制。

9.5.1　顺序控制

顺序动作包含一个或者多个按字典序顺序执行的动作，如图 9-1 所示。当序列中的最后一个动作完成时，我们称该顺序动作完成。

图 9-1　工作流顺序控制

该动作的 XML 语法结构如清单 9-1 所示。

清单 9-1　顺序控制的 XML 语法结构

```
1   <sequence>
2     activity+
3   </sequence>
```

9.5.2　并行控制

流动作提供并发与同步的功能，如图 9-2 所示。它把一个流元素中一系列动作分组实现，以达到并行的目的。当所有流范围内的动作完成时，我们称该流完成。

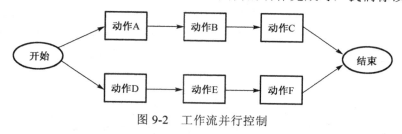

图 9-2　工作流并行控制

该动作的 XML 语法结构如清单 9-2 所示。

清单 9-2　并行控制的 XML 语法结构

```
1    <flow>
2      <links>?
3        <link name ="NCName">+
4      </links>
5      activity+
6    </flow>
```

9.5.3　循环控制

循环动作是一个动作的循环执行，如图 9-3 所示。只要在初始循环开始时布尔表达式的条件值为真，这个被包含动作就会被执行。当条件值为假时，称一个循环完成。

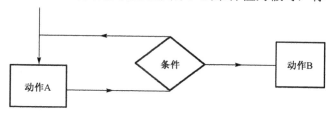

图 9-3　工作流循环控制

该动作的 XML 语法结构如清单 9-3 所示。

清单 9-3　循环控制的 XML 语法结构

```
1    <while>
2      <condition expressionLanguage="AnyURI"?>bool-expr</condition>
```

```
3    activity
4    </while>
```

9.5.4　条件控制

　　条件动作支持条件行为，如图 9-4 所示。这个动作由确定条件才能执行的一个或多个条件分支构成。只有分支的条件为真时，才执行该分支所决定的动作。当所选择的分支包含的动作完成，或没有分支为真时，称条件动作完成。

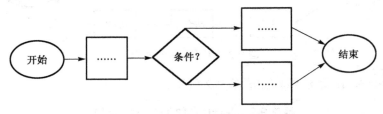

图 9-4　工作流条件控制

该动作的 XML 语法结构如清单 9-4 所示。

清单 9-4　条件控制的 XML 语法结构

```
1    <if>
2    <condition expressionLanguage="anyURI">bool-expr</condition>
3    activity
4    <elseif>*
5      <condition expressionLanguage="anyURI">bool-expr</condition>
6      activity
7    </elseif>
8    <else>?
9      activity
10   </else>
11   </if>
```

9.5.5　选择控制

　　选择动作是一个事件发生之后才能决定接下来要执行哪个分支事件，一旦其中一个分支事件被选定，那么其他分支事件就不会再被执行，如图 9-5 所示。选择动作由一个分支集构成，每一个分支包含一个事件——动作对。当被选择的动作完成时，我们称选择动作完成。

　　该动作的 XML 语法结构如清单 9-5 所示。

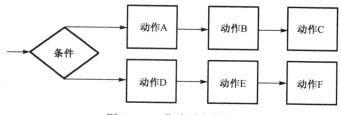

图 9-5   工作流选择控制

清单 9-5   选择控制的 XML 语法结构

```
1   <pick createInstance="yes|no"? >
2    <onMessage partnerLink="NCName"
3     portType="QName"?
4     operation="NCName"
5     variable="BPELVariableName"?
6     messageExchange="NCName"?>+
7     <correlations>?
8      <correlation set="NCName" initiate="yes|join|no"? />+
9     </correlations>
10    activity
11   </onMessage>
12  </pick>
```

9.6   工作流设计器

工作流设计器主要采用于两个 Eclipse 插件：图形编辑框架（GEF）与 Eclipse 建模框架（EMF）。它为众多的交互提供了可视化表示，并通过众多的功能图标来引导用户编辑工作流。也就是说，用户能够通过向画布拖拽图形元素的方式组建工作流。下面介绍设计器的结构。

工作流设计器与 Eclipse 平台的风格保持一致，并以 Eclipse IDE 的一个插件形式来设计与开发。它将编程环境与图形环境整合在一起，使得专家以外的人员也能够轻松地组建一个工作流。编辑器由四个部分组成：导航器视图（Navigator View），服务视图（Services View），大纲视图（Outline View）以及过程视图（Process Map）。如图 9-6 所示。

（1）导航器视图。该视图允许用户创建一个工作流工程。用户可以使用 Eclipse 中的 Wizard 选项创建一个工作流工程。

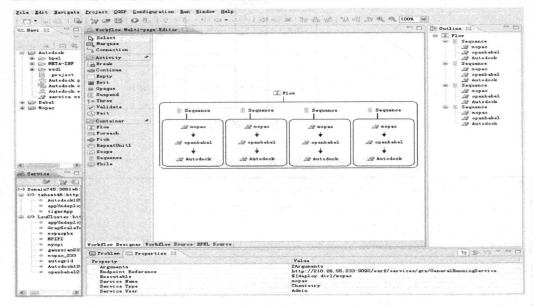

图 9-6　编辑器界面

(2)服务视图。该视图显示执行环境中的各种资源。用户可以通过刷新动作获得最新的服务状态。这些服务能够以视图的形式组合形成一个工作流。

(3)大纲视图。该视图以缩略图的形式显示整个编辑区。用户可以拖拽各个编辑区的边框，以看清编辑器的细节。

(4)过程视图。该视图是可视化编程的主要部分，用来完成工作流的实际组建与配制，由工具箱与画布构成。用户可以在工具箱里选择自己需要的活动，对该活动进行文字描述，不同类型的活动以不同的图标来显示，然后把编辑好的活动拖拽到画布中成为工作流的一个节点，这样用户就可以轻松地按照自己的要求定制工作流。

9.7　开发示例

网络环境中存在着大量的资源，同一类型的资源可能有上百个。因而用户很难从如此众多的资源中找出适合自身需求的资源，甚至仅仅描述一下需求也不是一件轻松的事情。为了方便用户描述自己对资源属性的需求，给用户带来更好的体验，设计一个友好的、标准的 XML 语法结构是十分必要的。

为了方便用户描述自己对所需资源的属性要求，本章给出资源需求文档的 XML 语法结构，以方便用户根据自身的需求情况具体描述相应的资源需求。

9.7.1　文档示例

清单 9-6 是工作流需求文档的一个简单定义。该清单包括三个主要部分，这三个部分分别由元素 ResourceDescription、ServiceDescription，以及 ControlDescription 来约束。

清单 9-6　ADIF——工作流需求文档 XML 示例

```
1   <?xml version="1.0" encoding="UTF-8"?>
2   <RequirementDefinition xmlns:xsi="http://www.w3.org/2001/
    XMLSchema-instance"
3    xmlns="http://grid.lzu.edu.cn/ADIF_WFM/1.0"
4    xsi:schemaLocation="http://grid.lzu.edu.cn/adif-wfm/1.0
    ADIFSchema.xsd">
5   <ResourceDescription>
6    <CandidateHosts>
7     <HostIP>202.201.14.250</HostIP>
8     <HostIP>202.201.14.240</HostIP>
9    </CandidateHosts>
10   <DiskFree><UpperRange>20000</UpperRange></DiskFree>
11   <DiskTotal><LowerRange>200000</LowerRange> </DiskTotal>
12   <BandWidth><LowerRange>100</LowerRange></BandWidth>
13   <CPUIdle><Exact>2000</Exact></CPUIdle>
14   <CPUNumber><LowerRange>2</LowerRange></CPUNumber>
15   <CPUSpeed><LowerRange>3000</LowerRange></CPUSpeed>
16   <MachineType>x86</MachineType>
17   <OperationSystemType>LINUX</OperationSystemType>
18   <OperationSystemVersion></OperationSystemVersion>
19   <MemoryFree><LowerRange>1024</LowerRange></MemoryFree>
20   <MemoryTotal><LowerRange>2048</LowerRange></MemoryTotal>
21   <ProcessRun><LowerRange>48</LowerRange></ProcessRun>
22   <ProcessTotal><LowerRange>64</LowerRange></ProcessTotal>
23  </ResourceDescription>
24  <ServiceDescription>
25   <AverageExecuteTime><UpperRange>20</UpperRange>
     </AverageExecuteTime>
26   <MaxExecuteTime><UpperRange>100</UpperRange></MaxExecuteTime>
27   <SuccessRatio><LowerRange>80</LowerRange></SuccessRatio>
28  </ServiceDescription>
```

```
29   <ControlDescription>
30    <StartTime>20</StartTime>
31    <FaultHandler>repeated</FaultHandler>
32   </ControlDescription>
33 </RequirementDefinition>
```

9.7.2　文档结构

如清单 9-7 所示，该文档是一个简单的描述集，用以存储执行环境的需求。在根节点处有一个元素RequirementDefinition，该元素包括三个子元素，它们分别是ResourceDescription、ServiceDescription，以及 ControlDescription。

清单 9-7　ADIF——工作流资源需求文档结构示例

```
1  <?xml version="1.0" encoding="UTF-8"?>
2  <RequirementDefinition xmlns:xsi="anyURL" xsi:schemaLocation=
   "anyURL" xmlns="anyURL">
3   <ResourceDescription>
4    <CandidateHosts>?
5     <HostIP>xsi:String</HostIP>+
6    </CandidateHosts>
7    <DiskFree>RangeType</DiskFree>?
8    <DiskTotal>RangeType</DiskTotal>?
9    <BandWidth>RangeType</BandWidth>?
10   <CPUIdle>RangeType</CPUIdle>?
11   <CPUNumber>RangeType</CPUNumber>?
12   <CPUSpeed>RangeType</CPUSpeed>?
13   <MachineType>machineTypeEnumeration</MachineType>?
14   <OperationSystemType> OperatingSystemTypeEnumeration
     </OperationSystemType>?
15   <OperationSystemVersion></OperationSystemVersion>?
16   <MemoryFree>RangeType</MemoryFree>?
17   <MemoryTotal> RangeType </MemoryTotal>?
18   <ProcessRun> RangeType </ProcessRun>?
19   <ProcessTotal> RangeType </ProcessTotal>?
20  </ResourceDescription>
21  <ServiceDescription>
22   <AverageExecuteTime> RangeType </AverageExecuteTime>?
23   <MaxExecuteTime> RangeType </MaxExecuteTime>?
24   <SuccessRatio> RangeType </SuccessRatio>?
```

```
25      <FailureRatio> RangeType </FailureRatio>?
26   </ServiceDescription>
27   <ControlDescription>
28    <StartTime>xsi:double</StartTime>?
29    <FaultHandler>faulthandlerType</FaultHandler>?
30   </ControlDescription>
31 </RequirementDefinition>
```

9.7.3　文档约定

工作流需求文档在各类已存标准定义的基础上整合而成。由于没有一个可用的规范的 XML 模式给出这些类型的定义，因而这里给出如下一些约定。

1. FaultHandler 枚举类型

工作流执行失败的原因有多种：执行环境配制的变化、所需服务或软件组件的不可用、资源条件超载、系统内存不足，以及计算与网络结构组件中的错误等，因而应当提供处理这些错误的相应方式。

表 9-2 给出 FaultHandler 枚举类型。

表 9-2　FaultHandler 枚举类型

overlook	在执行计算作业时，执行系统能够忽略该错误
repeated	提供重复执行错误计算作业的功能，直到执行成功
return	执行系统在执行计算作业失败时，将失败作业返回给用户，让用户重新决定其去向

2. RangeValueType

一个范围值是一个复杂类型，该复杂类型是一个由精确值确定的左开或右开的区间。所有给定的数据类型为 xsd:double。UpperRange 与 LowerRange 分别为上界与下界。这个类型必须被执行环境支持。

1）Pseudo Schema

清单 9-8　Pseudo Schema

```
1  <UpperRange >
2    xsd:double
3  </UpperRange>?
4  <LowerRange>
5    xsd:double
6  </LowerRange>?
7  <Exact>
```

```
8    xsd:double
9    </Exact>*
```

2）示例

清单 9-9 给出了 RangleValue 的一个非正式例子。

清单 9-9　RangleValue 的 XML 语法结构

```
1    <LowerBoundedRange> 100.0 </LowerBoundedRange>
2    <Exact> 5.0 </Exact>
```

9.7.4　需求文档核心元素集

1．RequirementDefinition

需求文档以 RequirementDefinition 为根元素。元素 RequirementDefinition 描述作业需求。注意，元素 RequirementDefinition 包含三个子元素，这三个子元素分别为 ResourceDescription、ServiceDescription 与 ControlDescription。

清单 9-10 给出元素 RequirementDefinition 的一个非正式的例子。

清单 9-10　元素 RequirementDefinition 的 XML 语法结构

```
1    <RequirementDefinition xmlns:xsi="http://www.w3.org/2001/
     XMLSchema-instance"
2     xmlns="http://grid.lzu.edu.cn/ADIF_WorkflowManagement/1.0"
3     xsi:schemaLocation="http://mice.lzu.edu.cn/ADIFSchema/1.0
     ADIFSchema.xsd">
4    <ResourceDescription/>
5    <ServiceDescription/>
6    <ControlDescription/>
7    </RequirementDefinition>
```

2．ResourceDescription

元素 ResourceDescription 描述作业的资源（包含执行环境）需求。资源元素支持一套核心元素集。这里的重点是同构资源的描述。

清单 9-11 给出 ResourceDescription 的一个非正式的例子。

清单 9-11　元素 ResourceDescription 的 XML 语法结构

```
1    <ResourceDescription>
2     <CandidateHosts>?
3      <HostIP>xsi:String</HostIP>+
```

```
4    </CandidateHosts>
5    <DiskFree>RangeType</DiskFree>?
6    <DiskTotal>RangeType</DiskTotal>?
7    <BandWidth>RangeType</BandWidth>?
8    <CPUIdle>RangeType</CPUIdle>?
9    <CPUNumber>RangeType</CPUNumber>?
10   <CPUSpeed>RangeType</CPUSpeed>?
11   <MachineType>machineTypeEnumeration</MachineType>?
12   <OperationSystemType> OperatingSystemTypeEnumeration
     </OperationSystemType>?
13   <OperationSystemVersion></OperationSystemVersion>?
14   <MemoryFree>RangeType</MemoryFree>
15   <MemoryTotal> RangeType </MemoryTotal>
16   <ProcessRun> RangeType </ProcessRun>
17   <ProcessTotal> RangeType </ProcessTotal>
18  </ResourcesDescription>
```

1）CandidateHosts

该元素是一个复杂类型，它指定一系列可以被选来执行作业的主机。如果该元素出现，那么一个或者多个主机将从上述命名主机集中选出，以执行相应的作业。

如果这个元素未出现，那么说明这个元素没有被定义。一个命名主机可以是一个单个的主机（例如一台机器的 IP），一个主机的逻辑组（例如一个命名逻辑组或集群），一个虚拟机等。清单 9-12 给出元素 CandidateHosts 的一个非正式例子。

清单 9-12　元素 CandidateHosts 的 XML 语法结构

```
1  <CandidateHosts>
2    <HostIP>202.201.14.250</HostIP>
3  </CandidateHosts>
```

元素 HostIP 是一个仅包含一个主机的单个 IP 的简单类型。这个名字可以是一个单一主机（例如一台机器的 IP），一个主机的逻辑组（例如一个命名逻辑组或集群），一个虚拟机等。

2）DiskTotal

这是一个范围值，它描述了作业在执行环境中执行时所需的硬盘空间的总量。硬盘空间的总量以兆字节的单位给出。

如果该元素未出现，那么说明它未被定义，并且执行环境可以选择任意值，如清单 9-13 所示。

清单 9-13　元素 DiskTotal 的 XML 语法结构

```
1  <DiskTotal>
2    <upperRange>100000</upperRange>
3  </DiskTotal>
```

3）DiskFree

这是一个范围值，它描述了作业在执行环境中执行时所需的硬盘空间的剩余量。该量以兆字节的单位给出。

如果该元素未出现，那么说明它未被定义，则运行环境可以选择任意值。如清单 9-14 所示。

清单 9-14　元素 DiskFree 的 XML 语法结构

```
1  <DiskFree>
2    <upperRange>40000</upperRange>
3  </DiskFree>
```

4）OperationSystemType

这是一个包含操作系统名称的复杂类型。

如果该元素未出现，则说明它未被定义，那么执行环境可以选择任意值。如清单 9-15 所示。

清单 9-15　元素 OperationSystemType 的 XML 语法结构

```
1  <OperatingSystemType>Inferno</ OperatingSystemType>
```

5）OperationSystemVersion

该元素是一个定义了作业所需操作系统版本的字符串类型。执行环境必须运用精确的文本匹配方式来选择操作系统的版本。

如果该元素未出现，则说明任意版本的操作系统都可以使用。如清单 9-16 所示。

清单 9-16　元素 OperationSystemVersion 的 XML 语法结构

```
1  <OperationSystemVersion>5.1</OperationSystemVersion>
```

6）MachineType

该元素为字符串类型，它用于指定执行作业所要求的 CPU 的架构。

如果该元素未出现，则说明任何执行环境都是可以选择的。如清单 9-17 所示。

清单 9-17　元素 MachineType 的 XML 语法结构

```
1  <MachineType>x86</MachineType>
```

7）CPUSpeed

该元素是一个范围值，用于指定执行环境中作业执行所需的 CPU 速度。该元素以兆赫兹的倍数给出。

如果该元素未出现，那么说明它未被定义，则执行环境可以选择任意值。如清单 9-18 所示。

清单 9-18　元素 CPUSpeed 的 XML 语法结构

```
1  <CPUSpeed>
2    <LowerRange>3000</LowerRange>
3  </CPUSpeed>
```

8）CPUNumber

该元素是一个范围值，用于指定每个资源分配给执行环境的 CPU 数目。

如果该元素未出现，那么说明它未被定义，则执行环境可以选取任意值。如清单 9-19 所示。

清单 9-19　元素 CPUNumber 的 XML 语法结构

```
1  <CPUNumber>
2    <LowerRange>2</LowerRange>
3  </CPUNumber>
```

9）CPUIdle

该元素是一个范围值，用于指定执行环境中作业所需的 CPU 的空闲度。该量以兆赫兹的单位给出。

如果这个元素未出现，那么执行环境可以选取任意值。如清单 9-20 所示。

清单 9-20　元素 CPUIdle 的 XML 语法结构

```
1  <CPUIdle>
2    <Exact>2000</Exact>
3  </CPUIdle>
```

10）BandWidth

该元素是一个范围值，用于指定单个资源所需带宽的范围。该量以每秒兆字节的倍数给出。

如果该量未出现，那么说明它未被定义，则执行环境可以选取任意值。如清单 9-21 所示。

清单 9-21　元素 BandWidth 的 XML 语法结构

```
1  <BandWidth>
```

```
2     <LowerRange>100</LowerRange>
3    </BandWidth>
```

11）MemoryTotal

这个元素是一个范围值，用于指定单个资源所需的物理内存的总量。该量以兆字节的单位给出。

如果该元素未出现，那么说明它未被定义，则执行环境可以选取任意值。如清单 9-22 所示。

清单 9-22　　元素 MemoryTotal 的 XML 语法结构

```
1    <MemoryTotal>
2     <LowerRange>2048</LowerRange>
3    </MemoryTotal>
```

12）MemoryFree

这个元素是一个范围值，用于指定单个资源所需的物理内存的空闲量。该量以兆字节的单位给出。

如果该元素未出现，那么说明它未被定义，则执行环境可以选取任意值。如清单 9-23 所示。

清单 9-23　　元素 MemoryFree 的 XML 语法结构

```
1    <MemoryFree>
2     <LowerRange>1024</LowerRange>
3    </MemoryFree>
```

13）ProcessTotal

这个元素是一个正值，用于描述分配给执行作业的进程数。通常来说，该元素的值应当为一个正整数。

如果该元素未出现，那么说明它未被定义，则执行环境可以选取任意值。如清单 9-24 所示。

清单 9-24　　元素 ProcessTotal 的语法结构

```
1    <ProcessTotal>
2     <LowerRange>64</LowerRange>
3    </ProcessTotal>
```

14）ProcessRun

该元素是一个正值，用于描述分配给执行作业的正在运行的进程的总量。通常来说，该元素的值为正整数。

　　如果该元素未出现，那么说明它未被定义，则执行环境可以选取任意值。如清单 9-25 所示。

清单 9-25　元素 ProcessRun 的 XML 语法结构

```
1   <ProcessRun>
2     <LowerRange>48</LowerRange>
3   </ProcessRun>
```

3．ServiceDescription

　　元素 ServiceDescription 描述作业的服务（包括高层次的网络服务）需求。元素 Service 仅支持一个核心元素集。这里主要关注应用程序或封装的网络服务的描述。该元素包括作业的服务需求，如清单 9-26 所示。

清单 9-26　元素 ServiceDescription 的 XML 语法结构

```
1   <ServiceDescription>
2     <AverageExecuteTime/>?
3     <MaxExecuteTime/>?
4     <SuccessRatio/>?
5     <FailureRatio/>?
6   </ServiceDescription>
```

1）AverageExecuteTime

　　该元素定义为服务的平均执行时间，这个平均时间由服务的历史执行记录计算而来。该量以秒为单位给出。

　　如果该元素未出现，那么说明它未被定义，则执行环境可以选取任意值。如清单 9-27 所示。

清单 9-27　元素 AverageExecuteTime 的 XML 语法结构

```
1   <AverageExecuteTime>
2     <UpperRange>48</UpperRange>
3   </AverageExectuteTime>
```

2）MaxExecuteTime

　　该元素定义为服务的最大执行时间，这个最大执行时间由服务的历史执行记录计算而来。该量以秒为单位给出。如果该元素未出现，那么说明它未被定义，则执行环境可以选取任意值。如清单 9-28 所示。

清单 9-28　元素 MaxExecuteTime 的 XML 语法结构

```
1   <MaxExecuteTime>
2     <UpperRange>48</UpperRange>
3   </MaxExecuteTime>
```

3）SuccessRatio

该元素定义为服务执行成功的概率，这个概率由服务的历史执行记录计算而来。该量以百分比的形式给出。如果该元素未出现，那么说明它未被定义，则执行环境可以选取任意值。如清单 9-29 所示。

清单 9-29　元素 SuccessRatio 的 XML 语法结构

```
1   <SuccessRatio>
2     <LowerRange>60</LowerRange>
3   </SuccessRatio>
```

4）FailureRatio

该元素定义为服务执行失败的概率，这个概率由服务的历史执行记录计算而来。该量以百分比的形式给出。如果该元素未出现，那么说明它未被定义，则执行环境可以选取任意值。如清单 9-30 所示。

清单 9-30　元素 FailureRatio 的 XML 语法结构

```
1   <FailureRatio>
2     <LowerRange>20</LowerRange>
3   </FailureRatio>
```

4.　ControlDescription

元素 ControlDescription 描述计算作业的控制状况。元素 Service 支持一个核心元素集。这里主要关注故障识别与处理。

如果该元素未出现，那么执行环境将可以选取任何资源集来执行作业。如清单 9-31 所示。

清单 9-31　元素 ControlDescription 的 XML 语法结构

```
1   <ControlDescription>
2     <StartTime/>?
3     <FaultHandler/>?
4   </ControlDescription>
```

1) StartTime

该元素定义为计算作业执行的开始时间。该量以秒为单位给出。

如果该元素未出现，那么执行环境可以选取任意资源集来执行作业。如清单 9-32 所示。

清单 9-32　元素 StartTime 的 XML 语法结构

```
1   <ControlDescription>
2     <StartTime>200</StartTime>
3     ......
4   </ControlDescription>
```

2) FaultHandler

业务流程中的故障处理可以看成是保障流程正常处理的一个防护开头。它可以设计成一个"反向工作 (reverse work)"，该工作的目的是在遇到故障时撤消部分或者是没有成功完成的工作。完成一个故障处理动作并不意味着所属动作的完成。

如果该元素未出现，那么执行环境可以选择任意一个资源集来执行作业。如清单 9-33 所示。

清单 9-33　元素 FaultHandler 的 XML 语法结构

```
1   <ControlDescription>
2     ......
3   <FaultHandler >overlook</FaultHandler>
4   </ControlDescription>
```

9.8　本 章 小 结

本章给出了工作流的过程控制定义以及相应的 XML 文档格式，制定了在工作流需求文档中描述执行环境的文档结构，并设计了能够通过拖拽组合工作流设计器的结构。

第 10 章

ADIF——通知与订阅机制

在网格系统的众多资源中，用户往往只关心满足自身需求的一小部分资源。这有限的一部分资源通常放置在用户资源列表中。然而，由于网格系统中资源的动态特性，用户资源列表中资源的可用性也将发生重大的变化。这将严重影响用户对网格资源的使用。为了方便用户使用资源，本章给出了资源的订阅与通知机制。该机制允许用户按照个人需求订阅资源，并获得该资源变化情况的通知。

10.1 目 标

通知机制规范的目标是将与通知模式相关的术语、概念、操作，以及用以表示订阅与通知模式交互所需的 XML 语法标准化。

10.2 命 名 空 间

表 10-1 中的命名空间前缀将在本章中使用。

表 10-1 通知与订阅机制命名空间

前缀	命名空间 URI	定义
xsi	http://www.w3.org/2001/XMLSchema-instance	由 XSD 定义的实例命名空间
xsd	http://www.w3.org/2001/XMLSchema	由 XSD 定义的模式命名空间
tns	http://grid.lzu.edu.cn/ADIFSchema/2.0	"目标命名空间"（tns）前缀作为指示当前文档的一个约定

注意，在 ADIF——通知与订阅文档里，http://grid.lzu.edu.cn/ADIFSchema/2.0 作为一个默认命名空间，因而出现在本文档中的元素将不带命名空间前缀。属性"xsi:schemaLocation"用于指示如何为目标命名空间查找 XSD 文档。

10.3 术 语

下面将给出本章中相关的术语与概念的简单定义。

　　订阅：如果用户已经向网格系统发送过某些资源的订阅请求，那么在这些资源变化时，系统将及时给用户发送一个资源状态变化的通知。这种交互称之为订阅。

　　通知：一旦网格系统中某些资源的状态发生改变，网格系统将给订阅相关资源的用户发送一个关于相关资源状态变化的通知。

10.4　交　互　模　式

　　用户与网格平台之间的交互模式可以分成如下四种：One-Way、Request-Response、Solicit-Response、Notification。下面将详细介绍这四种模式。

10.4.1　One-Way

　　该模式允许用户向网格平台发送一个请求，而网格平台负责接收该请求。值得注意的是，在该模式下，网格平台并不负责给发送请求的用户回复响应消息，以及针对该请求的相关处理情况。

10.4.2　Request-Response

　　该模式允许网格平台接收用户发出的一个请求，并返回一个相关的响应。也就是说，该模式可以实现用户与网格平台之间的简单交互。

10.4.3　Solicit-Response

　　该模式与 Request-Response 模式相反，这里的请求信息是由网格平台发起的，而响应由用户发出。

10.4.4　Notification

　　该模式允许网格平台发送消息给用户。

10.5　订　　　阅

　　订阅主要负责资源的订阅与反订阅。用户可以通过资源订阅部署清单(或资源反订阅部署清单)来订阅(或反订阅)资源。

10.5.1　资源订阅

　　如果用户想要及时得到所关注的资源变化的实时信息，他们可以通过描述所需订阅资源的资源订阅部署清单向网格平台发送订阅请求。资源订阅部署清单的主要语法结构如清单 10-1 所示。

清单 10-1　资源订阅的 XML 语法结构

```
1   <operation name="subscribe">
2     <userName/>
3     <message/> +
4   </operation>
```

10.5.2　资源反订阅

　　用户所关注的资源往往具有一定的时效性。也就是说，在这个时段内用户可能关注 A 类资源；而到了下个时段，出于任务需要，该用户可能已经不关心 A 类资源的状态，而是需要实时了解 B 类资源的状态。为了避免 A 类资源状态变化的影响，该用户希望取消关于 A 类资源的订阅。

　　为了迎合用户的这种需求，资源反订阅应运而生。用户可以通过资源反订阅清单来取消对某些资源的订阅。清单 10-2 是资源反订阅清单的主要语法结构。

清单 10-2　资源反订阅的 XML 语法结构

```
1   <operation name="unsubscribe">
2     <userName/>
3     <message/> +
4   </operation>
```

10.6　通　　知

　　当网格平台中的资源状态变化时，网格平台将给所有订阅该资源的用户发送一个通知。清单 10-3 是通知部署清单的主要语法结构。

清单 10-3　通知部署清单的 XML 语法结构

```
1   <notify>
2     <userName/>
3     <message/> +
4   </notify>
```

10.7　开　发　示　例

10.7.1　订阅清单

　　网格中的资源可以随时地加入或退出，这使得网格资源的变化毫无规律可言。作为单个用户来说，他总是希望能够掌握自己所需资源的变化状态，以便更好、更合理地安排相应的作业任务。

鉴于网格中资源的动态变化特性，为了使用户及时获得资源状态的变化，本章提出订阅与通知机制。用户可以通过资源订阅部署清单订阅他们关注的资源状态的变化。部署清单定义了一系列用以描述被订阅资源的 XML 语法。

本节描述部署清单的核心元素，而核心元素集所包含的语法见附录 F。

1．清单示例

清单 10-4 给出资源订阅部署清单的一个简单定义。

清单 10-4　资源订阅部署清单的 XML 语法结构

```
1  <?xml version="1.0" encoding="UTF-8"?>
2  <Subscription xmlns="http://grid.lzu.edu.cn/ADIF_SubscriptionM /1.0"
3   xmlns:xsi=http://www.w3.org/2001/XMLSchema-instance
4   xsi:schemaLocation="http://grid.lzu.edu.cn/ADIFNMSchema/1.0
   ADIFSMSchema.xsd">
5   <operation name="subscribe">
6    <userName>admin</userName>
7    <message>
8     <service type="atomic service">
9      <address>202.201.14.250 :9090</address>
10     <name>GaussianService</name>
11    </service>
12   </message>
13  </operation>
14 </Subscription>
```

清单 10-5 给出资源反订阅部署清单的一个简单例子。

清单 10-5　资源反订阅部署清单的 XML 语法结构

```
1  <?xml version="1.0" encoding="UTF-8"?>
2  <Subscription xmlns=http://grid.lzu.edu.cn/ADIF_Subscription M /1.0
3   xmlns:xsi=http://www.w3.org/2001/XMLSchema-instance
4   xsi:schemaLocation="http://grid.lzu.edu.cn/ADIFNMSchema/1.0
   ADIFSMSchema.xsd">
5   <operation name="unsubscribe">
6    <userName>admin</userName>
7    <message>
8     <service type="atomic service">
9      <address>202.201.14.250 :9090</address>
```

```
10          <name>GaussianService</name>
11        </service>
12      </message>
13    </operation>
14 </Subscription>
```

2. 清单结构

从清单 10-4 与清单 10-5 可以看出，资源订阅部署清单与资源反订阅部署清单具有相同的结构，唯一不同的是元素 operation 的属性 name 的值。在忽略元素属性值的情况下，可以认为这两种操作具有相同的结构。也就是说，这两种操作在根节点有一个元素 Subscription，其内是相关的定义。相关的主要语法如清单 10-6 所示。

清单 10-6　资源订阅与资源反订阅部署清单的 XML 语法结构

```
1  <Subscription>
2   <operation name="nmtoken">
3    <userName>nmtoken</userName>
4    <message>+
5     <service type="nmtoken"> +
6      <address>nmtoken</address>
7      <name>nmtoken</name>
8     </service>
9    </message>
10   </operation>
11 </Subscription>
```

其中元素 Subscription 由元素 import 与 operation 构成，元素 import 用来指定类型模式文件的位置信息；元素 operation 用来指定资源订阅或反订阅的操作信息与约定。

1）元素 Subscription

部署清单以元素 Subscription 为根元素，该根元素包含两个子元素：元素 import 与元素 operation。

清单 10-7 是元素 Subscription 的主要语法结构。

清单 10-7　元素 Subscription 的 XML 语法结构

```
1  <Subscription>
2   <import/>
3   <operation name="nmtoken"/>
4  </Subscription>
```

2）元素 import

元素 import 用于指定 XML 模式的位置信息。它由属性 schemaLocation 构成，该属性表示 XML 模式的 URL 位置。

清单 10-8 是元素 import 的主要语法结构。

清单 10-8　元素 import 的 XML 语法结构

```
1  <Subscription>
2    <import schemaLocation ="nmtoken"/>
3  </Subscription>
```

3）元素 operation

元素 operation 用于描述资源订阅管理的操作约定。属性 name 表示操作功能，它的值限定为一个包含"subscribe"与"unsubscribe"的枚举类型。注意，元素 operation 包含两个子元素，这两个元素分别是元素 userName 与元素 message。

清单 10-9 是元素 operation 的主要语法结构。

清单 10-9　元素 operation 的 XML 语法结构

```
1  <operation name="nmtoken">
2    <userName/>
3    <message/> +
4  </operation>
```

4）元素 userName

元素 userName 表示订阅者或反订阅者。事实上，它指的是订阅或反订阅相关资源的用户标识。清单 10-10 是元素 userName 的主要语法结构。

清单 10-10　元素 userName 的 XML 语法结构

```
1  <userName/>
```

5）元素 message

元素 message 表示资源订阅信息，它包括至少一个元素 service。

清单 10-11 是元素 message 的主要语法结构。

清单 10-11　元素 message 的 XML 语法结构

```
1  <message>
2    <service type="nmtoken"/> +
3  </message>
```

6）元素 service

元素 service 表示订阅资源，它由属性 type 以及两个元素 address 与 name 构成。其中属性 type 阐明了服务的类型：元服务（atomic service）、工作流服务（workflow service）、GRS 服务（GRS service）、网络服务（web service）或者 WSRF 服务（WSRF service）。元素 address 与 name 分别表明资源的地址与名称。

元素 service 的主要语法结构如清单 10-12 所示。

清单 10-12　元素 service 的 XML 语法结构

```
1   <service="nmtoken">
2     <address/>
3     <name/>
4   </service>
```

10.7.2　通知清单示例

网格系统中的资源是动态变化的。因而在执行任务时，用户希望使用处于可用状态的资源，而不是因为误用一个不可用的资源而导致整个任务得不到良好地执行。为了满足用户这方面的需求，网格平台有必要提供资源状态变化的通知，并以消息的形式发送给相关的用户。

然而，用户并不关心所有资源的变化，他只关心自己所需要的资源的变化状态。为了得到更好的用户体验，网格系统应当将资源的变化情况及时地通知拥有该资源的用户。当新资源添加到网格系统时，网格系统应该及时通知已经订阅这些资源的用户。这个通知消息将以通知清单的形式发送给相应的用户。

1．通知清单

通知清单主要用来通知用户所订阅资源状态的变化，因而它必须具有一定的形式与结构。为了清晰地展现这一形式与结构，清单 10-13 是一个通知清单的 XML 示例。

清单 10-13　通知清单的 XML 示例

```
1   <?xml version="1.0" encoding="UTF-8"?>
2   <Notification xmlns="http://grid.lzu.edu.cn/ADIF_ NotificationM /1.0"
3     xmlns:xsi="http://www.w3.org/2001/XMLSchema-instance"
4     xsi:schemaLocation="http://grid.lzu.edu.cn/ADIF-NMSchema/1.0
      ADIFNMSchema.xsd">
5     <notify>
6       <userName>admin</userName>
7       <message type="unavailable">
```

```
 8      <service type="atomic service">
 9       <address>202.201.14.250:9090</address>
10       <name>GaussianService</name>
11      </service>
12      <happenTime>2008-08-04 11:32:14</happenTime>
13      <description>The GaussianService does not exist!</description>
14      <errorId>001</errorId>
15     </message>
16     <message type="resume">
17      <service type="workflow service">
18       <address>202.201.14.233:9090</address>
19       <name>AutodockService</name>
20      </service>
21      <happenTime>2008-08-05 12:02:18</happenTime>
22      <description>The AutodockService is available again!</description>
23     </message>
24    </notify>
25  </Notification>
```

2. 通知清单结构

通知清单是一个关于通知信息的描述集。它以元素 Notification 为根元素，该元素由一个子元素 notify 构成。注意元素 notify 只能在 Notification 中出现一次。

通知清单的主要语法结构如清单 10-14 所示。

清单 10-14　通知清单的 XML 语法结构

```
 1  <Notification>
 2   <notify>
 3    <userName/>
 4    <message type="nmtoken">+
 5     <service type="nmtoken">
 6      <address/>
 7      <name/>
 8     </service>
 9     <happenTime/>
10     <description/>
11     <errorId/>
12    </message>
```

```
13   </notify >
14 </Notification>
```

1）元素 Notification

一个通知文档以元素 Notification 为根元素。它包含一个子元素 notify。注意元素 notify 只能出现一次。

清单 10-15 是元素 Notification 的主要语法结构。

清单 10-15　元素 Notification 的 XML 语法结构

```
1  <Notification >
2    <notify>
3      … …
4    </notify>
5  </Notification>
```

2）元素 notify

元素 notify 表示资源变化的信息。它包含两个子元素，一个是元素 userName，另一个是元素 message。元素 userName 表示被通知者，并且该元素只能出现一次；元素 message 表示通知的内容，并且该元素至少出现一次。

清单 10-16 是元素 notify 的主要语法结构。

清单 10-16　元素 notify 的 XML 语法结构

```
1  <notify>
2    <usernName/>
3    <message type="nmtoken"/>
4  </notify>
```

3）元素 message

元素 message 表示通知信息的具体内容。它包含一个表示信息类型的属性 type，该值可以为 unavailable（不可用）、resume（再次可用）、或者 new（新加入）。元素 message 由四个子元素构成：service、happenTime、description 以及 errorId。其中 service 表明变化的服务，元素 happenTime 描述了资源状态改变的时间，元素 description 描述了错误发生的详细原因，元素 errorId 描述了错误类型。

清单 10-17 是元素 message 的主要语法结构。

清单 10-17　元素 message 的 XML 语法结构

```
1  <message type="nmtoken">
2    <service type="nmtoken"/>
3    <happenTime/>
```

```
4    <description/>
5    <errorId/>
6    </message>
```

4）元素 service

元素 service 表明变化的服务，它由一个属性 type 以及两个元素 address 与 name 构成。其中属性 type 阐明了服务的类型，它可以是 atomic service（元服务）、workflow service（工作流服务）、GRS service（GRS 服务）或者 WSRF service（WSRF 服务），元素 address 阐明了服务的地址，元素 name 阐明了服务的名称。

元素 service 的主要语法结构如清单 10-18 所示。

清单 10-18　元素 service 的 XML 语法结构

```
1    <service type="nmtoken">
2    <address/>
3    <name/>
4    </service>
```

5）errorId 类型

为了方便地描述服务操作错误的相关信息，网格系统将这些错误信息归为四类：网络错误、服务不存在、服务错误，以及服务繁忙。为了便于表示，这里给出这四种常用的错误类型的相关代码的定义。

表 10-2 中的四种错误类型具体解释如下：

（1）errorId "001" 指由于网络原因服务不能使用。

（2）errorId "002" 指服务目前不存在。

（3）errorId "003" 指服务目前因运行错误而不能使用。

（4）errorId "004" 指服务因太繁忙而不可用。

表 10-2　四种错误类型

错误代码	描述
001	网络错误
002	服务不存在
003	服务错误
004	服务繁忙

10.8　本章小结

本文档给出了应用部署的订阅与通知机制的相关规定与约束，该规定与约束为终端用户提供了一种方便自由地管理网格资源的模式。在该模式的帮助下，终端用户可以方便地订阅自己感兴趣的资源，也可以方便地了解自己所需资源的动向。

第 11 章

ADIF——日志管理

对于任何一个系统来说，日志管理都不可或缺。而对于网格系统来说，日志管理更是起着尤为重要的作用。通过日志管理模块，网格系统可以完整地记录网格平台的任何操作信息，这为网格管理员分析网格运行状态提供了足够的信息源泉。同时，日志管理模块也是网格平台有序运行与维护不可或缺的保障，因为它能够如实地记录网格平台运行的状态，以及出现的故障信息。

作为网格系统的用户，仅仅知道网格平台的状态信息是远远不够的。在很多情况下，为了制定良好地作业执行计划，用户还需要知道自己所提交的任务在网格平台中的行为信息。因而，维护与管理用户在网格系统中的相关记录就显得格外重要。然而，对于单个用户来说，他只关心自己在网格平台中的相关信息。所以网格平台的一些接口应该得到进一步的扩展与屏蔽，以满足这一需求。

本章定义了应用系统与网格平台的日志关系图，以及支持个人操作的灵活的日志定义。这里包含几个模型，它们分别是作业执行结果日志(Logging for Job Result)、提交元作业日志(Logging for Submitting the Atomic Job)、提交工作流作业日志(Logging for Submitting the Workflow Job)、包装网格平台内应用程序日志(Logging for Packing the Application in Grid Platform)、销毁用户资源列表中资源的日志(Logging for Destroying Resource in User Resource List)、用户登录网格平台日志(Logging for User Login Platform)以及用户登出网格平台日志(Logging for User Logout From Platform)。

11.1 目 标

ADIF——日志管理的目标是标准化满足用户需求的日志管理的相关术语、概念、操作，以及 XML 语法。

11.2　命　名　空　间

为了方便描述相应的 XML 语法结构示例，如不特殊说明，表 11-1 给出的命名空间前缀将在本章中使用。

表 11-1　日志管理命名空间

前缀	命名空间 URI	定义
xsi	http://www.w3.org/2001/XMLSchema-instance	由 XSD 定义的实例命名空间
xsd	http://www.w3.org/2001/XMLSchema	由 XSD 定义的模式命名空间
tns	http://grid.lzu.edu.cn /adif/adif-LM	"目标命名空间"（tns）前缀作为指示当前文档的一个约定

注意，在 ADIF——日志管理文档里，http://grid.lzu.edu.cn/adif/adif-LM 作为一个默认命名空间，因而出现在本文档中的元素将不带命名空间前缀。属性"xsi:schemaLocation"用于指示如何为目标命名空间查找 XSD 文档。

11.3　术　　　语

本规范中的术语与用法将在下面的定义中做出简要的介绍。

用户日志管理：用户日志管理与网格平台日志管理不同，它只记录用户在网格平台中的相关信息。

用户日志部署：用户通过一个 XML 格式的称为部署清单的文档，描述符合自己需求的日志记录，以达到网格平台中用户日志的个性化定制。

11.4　日志管理操作

众所周知，在网格平台中，维护与管理用户的行为日志是一件非常重要的事情。由于网格平台中的多数日志对于单个用户来说是毫无意义的，他们只关心自己在网格平台中的相关日志信息。因而，网格平台应当扩展与屏蔽相应的日志管理接口，以满足用户的需求。为了适应用户的个性化需求，本章提出了如下几个日志管理模型：作业执行结果日志、提交元作业日志、提交工作流作业日志、包装网格平台中应用程序日志、销毁用户资源列表中资源日志、用户登录网格平台日志以及用户登出网格平台日志。

11.4.1　提交元作业日志管理

用户通常会频繁地向网格平台提交作业。这时，他们就需要了解自己曾经向网格平台提交的作业的相关信息，以及相关的执行状况。据此，用户可以轻松准确地决定下一步的操作。对用户来说，记忆在网格平台中的历史操作信息是一件非常痛苦的事情。因而元作业日志对用户来说是十分必要的，而且它应当包含所提交的元作业的信息，如名称、提交时间、所调用的应用程序以及应用程度所属的范围。

清单 11-1 是提交元作业日志的一个非正式例子。

清单 11-1　提交元作业日志管理的 XML 示例

```
1  <LoggingManagement>
2    <logType name="SubmitAtomicJobLogItem"/>
3  </LoggingManagement>
```

11.4.2　销毁用户资源日志管理

由于部署到网格系统中的资源经常变化，其中某些资源可能变得冗余或者失去时效性。因而，用户应该能够从用户资源列表中销毁这些资源。对单个用户来说，记录资源销毁的相关信息是必不可少的。因此，在日志管理模型中，资源销毁的相关信息的所有记录应当得以体现，这些信息包括销毁时间、资源名称、资源地址，以及资源范畴等。

清单 11-2 是销毁用户资源的一个非正式例子。

清单 11-2　销毁用户资源日志管理的 XML 示例

```
1  <LoggingManagement>
2    <logType name="destroyUserResourceLogItem"/>
3  </LoggingManagement>
```

11.4.3　包装应用日志管理

用户的任务在网格平台中执行时，将会调用一些资源。另外，用户可能打算提供一些资源分享在网格系统中。因而，用户应该拥有将这些资源包装到网格系统中的操作能力。所以，在日志管理模型中，提供包装应用的相关信息的所有记录也是必要的，这些信息包括应用程序的名称、应用程序的范畴、应用程序的包装地址，以及包装时间。

清单 11-3 是包装应用程序的一个非正式例子。

清单 11-3　包装应用日志管理的 XML 示例

```
1  <LoggingManagement>
2    <logType name="packApplicationLogItem"/>
3  </LoggingManagement>
```

11.4.4　访问网格平台日志管理

通常，用户要在登录网格系统之后才能进行一些个人操作，如资源调用、作业提交等。而在完成所有的工作之后，用户会退出网格系统。因而，在日志管理模型中，提供每个用户访问网格平台的相关信息的所有记录是必不可少的。

清单 11-4 是登录日志的一个非正式例子。

清单 11-4　登录日志管理的 XML 示例

```
1  <LoggingManagement>
2    <logType name="LoginLogItem"/>
3  </LoggingManagement>
```

11.4.5　提交工作流作业日志管理

经常向网格平台提交复合型作业的用户通常需要了解这些作业的相关操作信息，特别是这些任务的提交状况。基于这些信息，用户可以轻松地决定下一步的工作。因此日志管理系统中应当提供记录工作流作业提交信息的服务，这些服务包括工作流地址、工作流名称，以及提交时间。

清单 11-5 是提交工作流日志的一个非正式例子。

清单 11-5　提交工作流作业日志管理的 XML 示例

```
1  <LoggingManagement>
2    <logType name="WorkflowExectueItem"/>
3  </LoggingManagement>
```

11.4.6　作业执行结果日志管理

通常，作业的执行紧随提交之后。在这个过程中，某些资源可能会被调用。如果这些被调用的资源出现冗余或者突然失效，那么执行结果可能会出现异常，甚至失败。因此，网格平台应当记录下每个作业的执行情况。准确地说，这些需要记录的信息应当是作业执行状态的相关信息，包括作业名称、作业类型、提交时间、开始时间、结束时间，以及作业状态。

清单 11-6 是作业执行结果日志管理的一个例子。

清单 11-6　作业执行结果日志管理的 XML 示例

```
1  <LoggingManagement>
2    <logType name="JobExecuteResultLogItem"/>
3  </LoggingManagement>
```

11.5　开　发　示　例

如上文，维护与管理同时进入网格系统中的用户的日志信息是一个非常重要的事情。然而，对所有用户来说，这些日志信息并不是必需的，特别是系统日志。事实上，为了获得更好的用户体验，用户通常会通过定制自己的日志管理系统而忽略或者增加一些个人行为记录。因而，网格系统的一些接口应得到进一步的扩展与屏蔽，以适应用户的个性化需求。这里，日志部署清单用于用户按照自己的需求定制个性化日志管理系统。

接下来的章节，我们主要关注部署清单的格式及其核心元素。

11.5.1　清单示例

清单 11-7 是日志管理部署清单的一个简单例子。

清单 11-7　日志管理部署清单示例

```
 1  <?xml version="1.0" encoding="UTF-8"?>
 2  <LoggingManagement xmlns=http://mice.lzu.edu.cn/ADIF_
    resourceManager/1.0
 3   xmlns:xsi=http://www.w3.org/2001/XMLSchema-instance
 4   xsi:schemaLocation="http://mice.lzu.edu.cn/ADIFRMSchema/1.0
    ADIFRMSchema.xsd">
 5  <logtype name="loginLogItem">
 6    <operation name="deploy">
 7      <part name="loginTime" compare="EQ" >2008-08-01</part>
 8    </operation>
 9  </logtype>
10 </ResourceManagement>
```

11.5.2　清单结构

部署清单是关于日志管理的一个简单描述集。它以 LoggingManagement 为根元素，相关定义含于其内。

日志管理部署清单的主要语法如清单 11-8 所示。

清单 11-8　日志管理部署清单的 XML 语法结构

```
 1  <?xml version="1.0" encoding="UTF-8"?>
 2  <LoggingManagement xmlns="http://grid.lzu.edu.cn/adif_
    LoggingManagement/1.0"
```

```
 3    xmlns:xsi="http://www.w3.org/2001/XMLSchema-instance"
 4    xsi:schemaLocation="http://grid.lzu.edu.cn/ADIFRMSchema/1.0
      ADIFLMSchema.xsd">
 5    <logtype name="nmtoken">
 6      <operation name="nmtoken">
 7        <part name="nmtoken" compare="xsi:string">*
 8      </operation>
 9    </logtype>
10  </LoggingManagement>
```

11.5.3　符号约定

目前，部署清单中定义了比较限制类型值，如"EQ"、"GE"与"LE"，详见表 11-2。这里"EQ"表示相等关系；"GE"表示大于或等于关系；"LE"表示小于或等于关系。另外，日期格式限定为 YYYY-MM-DD，如 2008-08-01。

表 11-2　日志管理清单符号约定

名称	符号	strAttrType	NumAttrType
GE	>=	包含	大于或等于
LE	<=	包含于	小于或等于
EQ	=	等于	等于
NE	!=	不等于	不存在

11.5.4　清单核心元素集

1.　日志管理清单结构

日志管理部署清单以 LoggingManagement 为根元素，该根元素表示 ADIF 日志管理模型。事实上，这里值得注意的是，元素 LoggingManagement 包含一个子元素 logType。清单 11-9 是日志管理清单结构的一个简单的非正式例子。

清单 11-9　日志管理清单结构示例

```
1  <LoggingManagement>
2    <logType name="mtoken">
3      … …
4    </logType>
5  </LoggingManagement>
```

2．logType

元素 logType 表示仅含有一个名称属性的类型 LogItem，它指定 LogItem 的名称，如 LoginLogItem 与 atomicJobsubmitLogItem。值得注意的是，元素 logType 包含一个子元素。

清单 11-10 是元素 logType 的主要语法结构。

清单 11-10　元素 logType 的 XML 语法示例

```
1  <LoggingManagement>
2   <logType name= "atomicJobsubmitLogItem">
3    <operation name= "deploy">
4     … …
5    </operation>
6   </logType>
7  </LoggingManagement>
```

3．operation

元素 operation 用于指定网格系统中操作的所有信息与约定。因此，它在日志管理部署清单里扮演着重要角色。另外，名称属性表示操作功能，它的值限定为一个仅含"deploy"与"undeploy"的枚举类型。值得指出的是，元素 operation 以元素 part 为子元素，该子元素可以在部署清单中出现任意次。

清单 11-11 是元素 operation 的一个非正式的例子。

清单 11-11　元素 operation 的 XML 语法示例

```
1  <LoggingManagement>
2   <logType name="loginLogItem">
3    <operation name="deploy">
4     … …
5    </operation>
6   </logType>
7  </LoggingManagement>
```

4．part

元素 part 用于指定元素 operation 的参数信息，它是描述操作信息逻辑抽象内容的一个灵活体现。显然，为了指定每个元素 part 的具体内容，应当引入属性 name 与 compare。这里，名称属性 name 代表操作的参数名称，比较属性 compare 代表操作的相等性关系。此外，值得注意的是每个元素中 part 可以出现零次，一次或者多次。

清单 11-12 是元素 part 的一个非正式的例子。

清单 11-12　元素 part 的 XML 语法示例

```
1  <LoggingManagement>
2   <logType name="loginLogItem">
3    <operation name="deploy">
4     <part name="loginTime" compare="GE">2008-07-28</part>
5     <part name="loginTime" compare="LE">2008-08-01</part>
6    </operation>
7   </logType>
8  </LoggingManagent>
```

11.6　本 章 小 结

本章主要约定了网格平台的日志管理的相关操作，为用户带来了良好的用户体验。

参 考 文 献

[1] 喻洁, 夏安邦. 电力网格及其服务研究[J]. 电力信息安全专家. 2008, 6(7):49-52.

[2] Foster I, Kesselman C. The Grid: Blueprint for a Future Computing Infrastructure[M]. USA : Morgan Kaufmann Publishers, 1999.

[3] 张瑞生, 杨裔, 胡荣静. 计算化学网格研究概述[J]. 高性能计算发展与应用, 2009(4):61-69.

[4] 生命科学数据网格. [2012-05-15]. http://www.biogrid.cn/home.

[5] 地球系统网格(Earth System Grid). [2012-05-15]. http://www.earthsystemgrid.org/home.htm.

[6] 国家地震工程仿真网格(UK Network for Earthquake Engineering Simulation). [2012-05-15]. http://www-civil.eng.ox.ac.uk/research/structdyn/presentations/uknees.html.

[7] 北京网格地球科技有限公司. [2012-05-15]. http://www.grid-earth.com/.

[8] 美国国家虚拟天文台(National Virtual Observatory). [2012-05-15]. http://www.us-vo.org.

[9] 欧盟天体物理虚拟天文台(Astrophysical Virtual Observatory). [2012-05-15]. http://www.eso.org/avo.

[10] 英国天文网格(AstroGrid). [2012-05-15]. http://www.astrogrid.org.

[11] 语义网格. [2012-05-16]. http://www.ibm.com/developerworks/cn/grid/gr-semgrid/.

[12] 知识网格. [2012-05-16]. http://baike.baidu.com/view/501363.htm.

[13] Globus. [2012-04-20]. http://www.globus.org/.

[14] Globus 工具包. [2012-04-20]. http://www.globus.org/toolkit/.

[15] DataGrid. [2012-04-20]. http://eu-datagrid.web.cern.ch/eu-datagrid/.

[16] Schulbach C H. Nasa's Information Power Grid Project. ICASE/LaRC Interdisciplinary Series in Science and Engineering, 2001, 8:231-242.

[17] NASA. [2012-04-23]. http://www.nasa.gov/.

[18] DARPA. [2012-04-23]. http://en.wikipedia.org/wiki/DARPA.

[19] NSF. [2012-04-20]. http://www.nsf.gov/.

[20] DOE. [2012-04-20]. http://en.wikipedia.org/wiki/United_States_Department_of_Energy.

[21] Microsoft. [2012-04-23]. http://en.wikipedia.org/wiki/Microsoft.

[22] IBM. [2012-04-23]. http://www.ibm.com/us/en/.

[23] Python. [2012-04-23]. http://www.python.org/.

[24] Perl. [2012-04-23]. http://en.wikipedia.org/wiki/Perl.

[25] CORBA. [2012-04-23]. http://en.wikipedia.org/wiki/Common_Object_Request_Broker_ Architecture.

[26] Global Grid Forum. [2012-04-24]. http://en.wikipedia.org/wiki/Global_Grid_Forum.

[27] GSI. [2012-04-23]. http://www-unix.globus.org/toolkit/docs/3.2/security.html.

[28] Security Socket Layer. [2012-04-23]. http://www.verisign.com/ssl/ssl-information-center/how-ssl-security- works/index.html.

[29] X.509. [2012-04-23]. http://en.wikipedia.org/wiki/X.509.

[30] Generic Security Service API (GSS-API). [2012-05-21]. http://publib.boulder.ibm.com/infocenter/iseries/v5r4/ index.jsp?topic=%2 Fapis%2Fgsslist.htm.

[31] The Internet Engineering Task Force (IETF). [2012-05-21]. http://www.ietf.org/.

[32] Lightweight Directory Access Protocol. [2012-04-23]. http://en.wikipedia.org/wiki/Lightweight_ Directory_ Access_Protocol.

[33] Grid Resource Information Service (GRIS). [2012-05-21]. http://www.expertglossary.com/grid/definition/ gris-grid-resource-information-service.

[34] Grid Index Information Service (GIIS). [2012-05-21]. http://www.expertglossary.com/grid/definition/ giis-grid-index-information-service.

[35] Globus Resource Allocation Manager (GRAM). [2012-02-23]. http://www-unix.globus.org/api/c-globus-2.2/globus_ gram_documentation/html/.

[36] Dynamically-Updated Request Online Coallocator. [2012-04-24]. http://www.globus.org/toolkit/docs/2.4/ duroc/.

[37] Globus Resource Specification Language (GRSL). [2012-04-23]. http://programaticus.com/anl/globus/ RSL.html.

[38] Global Access to Secondary Storage. [2012-04-24]. http://www.globus.org/toolkit/docs/2.4/gass/.

[39] GridFTP. [2012-04-24]. http://www.globus.org/toolkit/docs/latest-stable/gridftp/.

[40] MPICH-G2. [2012-04-24]. http://www.globus.org/grid_software/computation/mpich-g2.php.

[41] Quality of service. [2012-04-24]. http://en.wikipedia.org/wiki/Quality_of_service.

[42] Open Grid Services Architecture (OGSA). [2012-05-22]. http://baike.baidu.com/view/1151990.htm.

[43] GooDale T, Jha S, Kaiser H. A Simple API for Grid Applications (SAGA). 2011 Open Grid Forum.

[44] What is SAGA. [2012-05-22]. http://www.saga-project.org/.

[45] Goodale T, Jha S, Kaiser H. SAGA: A simple API for grid applications[C]. High-Level Application Programming on the Grid. 2008:1-10.

[46] Kielmann T. An Introduction to the Simple API for Grid Applications (SAGA)[M]. Amsterdam : VU University.

[47] Weidner O. An Introduction to SAGA: A Simple API for Grid Applications[M]. Louisiana State University : Center for Computation & Technology.

[48] Portable Operating System Interface of UNIX(POSIX). [2012-05-23]. http://zh.wikipedia.org/wiki/POSIX.

[49] Isaila F, Tichy W. Clusterfile: a flexible physical layout parallel file system [C]. Cluter Computing, 2001:37-44.

[50] Distributed Resource Management Application API Working Group （（DRMAA-WG）. [2012-05-23]. http://forge.ogf.org/sf/projects/drmaa-wg/.

[51] Allcock W, Bresnahan J, Rajkumar K. The globus extensible input/output system （XIO）: a protocol independent IO system for the grid. Proceedings of the 19th IEEE International Parallel and Distributed Processing Symposium （IPDPS'05）, 2005: 4-8.

[52] Open Grid Forum （OGF）. [2012-05-18]. http://www.gridforum.org/.

[53] National Biomedical Computation Resource （NBCR）. [2010-6-11]. http://www2.nbcr.net/ wordpress2/.

[54] Opal Toolkit Reference Guide. [2012-06-11]. http://www2.nbcr.net/data/docs/opal/docs/2.X/ index.html.

[55] San Diego Supercomputer Center （SDSC）. [2012-06-11]. http://www.sdsc.edu/.

[56] California Institute for Telecommunications and Information Technology （CALIT2）. [2012-06-11]. http://www.calit2.net/.

[57] Adaptive Poisson-Boltzmann Solver （APBS）. [2012-06-11]. http://www.poissonboltzmann. org/apbs/.

[58] PDB2PQR. [2012-06-11]. http://www.poissonboltzmann.org/pdb2pqr.

[59] Condor Team. Condor Version 7.0.5 Manual. [2012-06-13]. http://research.cs.wisc.edu/condor/ manual/ v7.0.5/.

[60] TORQUE. [2012-06-14]. http://www.adaptivecomputing.com/products/open-source/torque/.

[61] Community Scheduler Framework （CSF）. [2012-06-14]. https://www.nbcr.net/pub/wiki/index. php?title=Community_Scheduler_Framework.

[62] Jin H. ChinaGrid: Making Grid Computing a Reality[C]. Lecture Notes in Computer Science, 2005, 3334:13-24.

[63] China Education and Research Network. [2012-04-24]. http://en.wikipedia.org/wiki/CERNET.

[64] 陈影. 基于 CGSP 的网格工作流编辑器：拖拽网格服务编排工作流的设计与实现[D]. 兰州：兰州大学, 2009.

[65] 中国教育科研网格计划. 中国教育科研网格公共平台建设[R]. 2006.

[66] CGSP Work Group. Design Specification of ChinaGrid Support Platform[M]. Beijing : Tsinghua University Press, 2004.

[67] Java WS Core. [2012-04-24]. http://dev.globus.org/wiki/Java_WS_Core.

[68] Web Services Resource Framework （WSRF）. [2012-04-24]. http://en.wikipedia.org/wiki/ Web_Services_Resource_Framework.

[69] Banks, T. Web Services Resource Framework（WSRF）- Primer [OL]. [2012-04-25]. http://docs.oasis-open.org/wsrf/wsrf-primer-1.2-primer-cd-01.pdf.

[70] GT 4.0.1. [2012-04-24]. http://www.globus.org/toolkit/downloads/4.0.1/.

[71] Grid Service. [2012-04-24]. http://gdp.globus.org/gt3-tutorial/multiplehtml/ch01s03.html.

[72] XML 中国论坛. XML 实用进阶教程[M]. 北京: 清华大学出版社. 2001.

[73] Fallside, D C. XML Schema Part 0: Primer. [2012-04-20]. http://www. w3school.com. cn/schema/schema_intro.asp.

[74] XML Path Language. [2012-04-24]. http://www.w3.org/TR/xpath/.

[75] Web Service. [2012-04-24]. http://en.wikipedia.org/wiki/Web_service.

[76] Simple Object Access Protocol. [2012-04-24]. http://en.wikipedia.org/wiki/SOAP.

[77] Job Submission Description Language（JSDL）. [2012-04-24]. http://en.wikipedia.org/wiki/Job_Submission_Description_Language.

[78] Business Process Execution Language（BPEL）. [2012-04-24]. http://en.wikipedia.org/wiki/Business_Process_Execution_Language.

[79] Liu LK. General Running Service[C]. Fifth International Conference on Grid and Cooperation Computing Workshop, Changsha, 2006.

[80] OGSA-DAI. [2012-04-24]. http://www.ogsadai.org.uk/index.php.

[81] Web Services Description Language. [2012-04-24]. http://www.w3.org/TR/wsdl.

[82] Service-Oriented Architecture. [2012-04-24]. http://en.wikipedia.org/wiki/Service-oriented_architecture.

[83] Apache Axis. [2012-04-24]. http://axis.apache.org/.

[84] CNGrid GOS. [2012-05-16]. http://en.wikipedia.org/wiki/CNGrid.

[85] China National Grid. [2012-04-24]. http://www.cngrid.org/web/guest/home.

[86] 数据网格软件 CORSAIR. [2012-04-24]. http://acorsair.com/.

[87] Miguel A. WS-BPEL 2.0 Tutorial. [2012-04-24]. http://www.eclipse.org/tptp/ platform/documents/design/choreography_html/tutorials/wsbpel_tut.html.

[88] XML Process Definition Language. [2012-04-24]. http://en.wikipedia.org/wiki/XPDL.

[89] CNGridEye. [2012-04-24]. http://monitor.cngrid.org/.

[90] Foster I, Kesselman C. The Grid2: Blueprint for a New Computing Infrastructure[M]. USA : Morgan Kaufmann Publishers, 2004.

[91] Tuecke S, Czajkowski K, Foster I. Open Grid Services Infrastructure（OGSI）version 1.0. [2012-04-25]. http://www.ggf.org/ogsi-wg.

[92] 网格服务. [2012-04-25]. http://baike.baidu.com/view/1170553.htm.

[93] 李宇. 服务网格标准规范体系[J]. 现代图书情报技术. 2007(5):7-12.

[94] UNICORE Project. [2012-04-24]. http://www.unicore.eu/.

[95]　Lightweight Middleware for Grid Computing （gLite）. [2012-04-25]. http://glite.web.cern. ch/glite/.

[96]　Foster I, Kesselman C, Tuecke S. The anatomy of the grid: enabling scalable virtual organizations [J]. The International Journal of High Performance Computing Applications, 2001, 15（3）: 200-222.

[97]　怀进鹏, 胡春明, 李建新. CROWN: 面向服务的网格中间件系统与信任管理[J]. 中国科学, E 辑, 信息科学, 2006, 36（10）: 1127-1155.

[98]　Pytliński J, Skorwider Ł, Bała P, et.al. BioGRID—Uniform Platform for Biomolecular Applications [J]. Lecture Notes in Computer Science, 2002, 2400:53-89.

[99]　Meng E C, Shoichet B K, Kuntz I D. Automated docking with grid-based energy evaluation [J]. Journal of Computational Chemistry, 1992, 13（4）:505-524.

[100]Zhou Z W, Wang F, Todd B D. Development of chemistry portal for grid-enabled molecular science [C]. Proceedings of the First International Conference on e-Science and Grid Computing, 2005:48-55.

[101]Jin H, Sun A B, Zhang Q, et al. MIGP: Medical Image Grid Platform Based on HL7 Grid Middleware [C]. Lecture Notes in Computer Science, 2006, 4243:254-263.

[102]Hai Z G. A knowledge grid model and platform for global knowledge sharing [J]. Expert Systems with Applications, 2002, 22（4）:313-320.

[103]Kacsuk P, Kiss T, Sipos G. Solving the gridinteroperabilityproblem by P-GRADEportal at workflowlevel [J]. Future Generation Computer Systems, 2008, 24（7）:744-751.

[104]Czajkowski K, Kesselman C, Fitzgerald S, et al. Grid information services for distributed resource sharing[C]. Proceedings of the 10th IEEE International Symposium on High Performance Distributed Computing, 2001:181-194.

[105]Riedel M, Laure E, Soddemann T, et al. Interoperation of world-wide production e-Science infrastructures[J]. Concurrency and Computation: Practice and Experience, 2009, 21（8）:961-990.

[106]RFC-2119. [2012-06-06]. http://www.ietf.org/rfc/rfc2119.txt.

资源相关度量

　　表格 A-1 给出了 ADIF—资源管理中资源的相关度量。这些度量可以看成是 SLP 中关于资源描述度量的扩充。

表 A-1　资源管理清单度量

度量名称	描述
CPUNumber	执行环境下对 CPU 数量的要求
CPUSpeed	执行环境下对 CPU 速度的要求
CPUIdle	执行环境下对 CPU 空闲度的要求
DiskTotal	定制系统中对硬盘容量的要求
DiskFree	定制系统中对硬盘空间度的要求
MemoryTotal	定制系统中对内存容量的要求
MemoryFree	定制系统中对内容空闲度的要求
ProceessTotal	定制系统中对进程数目的要求
ProcessRun	定制系统中对运行进程数目的要求
OSName	定制系统中对操作系统名称的要求
OSRelease	定制上对操作系统版本的要求
MachineType	定制系统中对机器类型的要求
MTU	执行环境中对网络数据包的最大传输单元的要求
PKTSIn	执行环境中对网络数据包的输入能力的要求
PKTSOut	执行环境中对网络数据包的输出能力的要求
HostName	定制系统中对主机名称的要求
HostIP	定制系统中对主机 IP 地址的要求
Category	对资源范畴的要求
ResourceName	对资源名称的要求
ResourceAddress	对资源地址的要求
ResourceVersion	对资源版本的要求
ResourceProvider	对资源提供者的要求
PromotionNumber	对推荐次数的要求
ResourceDeveloper	对资源开发者的要求
ResourceReliability	对资源可靠性的要求

RMtypes.xsd 文档

```
1   <?xml version="1.0" encoding="UTF-8"?>
2   <xsd:schema xmlns:xsd=http://www.w3.org/2001/XMLSchema
3    xmlns:tns= http://mice.lzu.edu.cn/ADIFSchema/1.0"
4    targetNamespace="http://mice.lzu.edu.cn/ADIFSchema/1.0"
5    elementFormDefault="qualified">
6    <xsd:simpleType name="numAttrType">
7     <xsd:restriction base="xsd:string">
8      <xsd:enumeration value="EQ"/>
9      <xsd:enumeration value="GE"/>
10     <xsd:enumeration value="LE"/>
11     <xsd:enumeration value="GE"/>
12     <xsd:enumeration value="LT"/>
13     <xsd:enumeration value="GT"/>
14     <xsd:enumeration value="MAX"/>
15     <xsd:enumeration value="MIN"/>
16    </xsd:restriction>
17   </xsd:simpleType>
18   <xsd:simpleType name="strAttrType">
19    <xsd:restriction base="xsd:string">
20     <xsd:enumeration value="EQ"/>
21     <xsd:enumeration value="NE"/>
22     <xsd:enumeration value="LE"/>
23     <xsd:enumeration value="GE"/>
24     <xsd:enumeration value="LT"/>
25     <xsd:enumeration value="GT"/>
26    </xsd:restriction>
27   </xsd:simpleType>
28  </xsd:schema>
```

资源管理模式说明

```
1   <?xml version="1.0" encoding="UTF-8"?>
2   <xsd:schema xmlns:xsd="http://www.w3.org/2001/XMLSchema"
3    xmlns:tns="http://mice.lzu.edu.cn/ADIFSchema/1.0"
4    targetNamespace="http://mice.lzu.edu.cn/ADIFSchema/1.0"
5    elementFormDefault="qualified">
6    <xsd:element name="resourceManagement">
7     <xsd:complexType>
8      <xsd:sequence>
9       <xsd:element ref="import" maxOccurs="1" minOccurs="1">
10      <xsd:element ref="query" minOccurs="0" maxOccurs="1"/>
11      <xsd:element ref="deploy" minOccurs="0" maxOccurs="1"/>
12      <xsd:element ref="undeploy" minOccurs="0" maxOccurs="1"/>
13      <xsd:element ref="evaluate" minOccurs="0" maxOccurs="1"/>
14      <xsd:element ref="replace" minOccurs="0" maxOccurs="1"/>
15     </xsd:sequence>
16    </xsd:complexType>
17   </xsd:element>
18   <xsd:element name="import">
19    <xsd:complexType>
20     <xsd:attribute name="schemaLocation" use="required"  type=
        "xsd:string"/>
21    </xsd:complexType>
22   </xsd:element>
23   <xsd:element name="query">
24    <xsd:complexType>
25     <xsd:sequence>
26      <xsd:element ref="condition" minOccurs="0" maxOccurs=
         "unbounded"/>
27     </xsd:sequence>
```

```
28    </xsd:complexType>
59  </xsd:element>
30  <xsd:element name="deploy" type="xsd:string">
31    <xsd:complexType>
32      <xsd:sequence>
33        <xsd:element ref="part" minOccurs="1" maxOccurs="unbounded">
34      </xsd:sequence>
35    </xsd:complexType>
36  </xsd:element>
37  <xsd:element name="undeploy" type="xsd:string">
38    <xsd:complexType>
39      <xsd:sequence>
40        <xsd:element ref="part" minOccurs="1" maxOccurs="unbounded">
41      </xsd:sequence>
42    </xsd:complexType>
43  </xsd:element>
44  <xsd:element name="evaluate" type="xsd:string">
45    <xsd:complexType>
46      <xsd:sequence>
47        <xsd:element ref="evaluation" minOccurs="1" maxOccurs=
          "unbounded"/>
48      </xsd:sequence>
49    </xsd:complexType>
50  </xsd:element>
51  <xsd:element name="replace">
52    <xsd:complexType>
53      <xsd:sequence>
54        <xsd:element ref="principle" minOccurs="1" maxOccurs=
          "unbounded"/>
55      </xsd:sequence>
56    </xsd:complexType>
57  </xsd:element>
58  <xsd:element name="principle" type="xsd:string">
59    <xsd:complexType>
60      <xsd:sequence>
61        <xsd:element name="name" use="required" type="xsd:string"/>
62        <xsd:element name="location" use="required" type="xsd:string"/>
63        <xsd:element name="priority" use="reuqired" type="xsd:number"/>
64        <xsd:element name="isPromoted use="required" type="xsd:string"/>
```

```
65      <xsd:element ref="candidate" minOccurs="1" maxOccurs=
        "unbounded"/>
66     </xsd:sequence>
67    </xsd:complexType>
68  </xsd:element>
69  <xsd:element name="candidate" type="xsd:string">
70    <xsd:complexType>
71     <xsd:sequence>
72       <xsd:attribute name="name" type="xsd:string"/>
73       <xsd:element name="priority" use="required" type="xsd:
         number"/>
74       <xsd:element ref="part" minOccurs="0" maxOccurs="unbounded"/>
75     </xsd:sequence>
76    </xsd:complexType>
77  </xsd:element>
78  <xsd:element name="evaluation" type="xsd:string">
79    <xsd:complexType>
80     <xsd:sequence>
81       <xsd:element name="name" type="xsd:string"/>
82       <xsd:element name="location" type="xsd:string"/>
83       <xsd:element name="isPromoted" type="boolean"/>
84       <xsd:element ref="description" minOccurs="0" maxOccurs=
         "unbounded"/>
85     </xsd:sequence>
86    </xsd:complexType>
87  </xsd:element>
88  <xsd:element name="description" type="xsd:string">
89    <xsd:complexType>
90     <xsd:element name="property" use="required" type="xsd:string"/>
91     <xsd:element name="content" use="required" type="xsd:string"/>
92    </xsd:complexType>
93  </xsd:element>
94  <xsd:element name="resource" type="xsd:string">
95    <xsd:complexType>
96     <xsd:element name="name" use="requried" type="xsd:string"/>
97     <xsd:element name="version" use="requried" type="xsd:string"/>
98     <xsd:element name="location" use="requried" type="xsd:string"/>
99    </xsd:complexType>
100     </xsd:element>
```

```
101    <xsd:element name="part" type="xsd:string">
102      <xsd:complexType mixed="true">
103        <xsd:attribute name="name" use="required" type="xsd:string"/>
104        <xsd:attribute name="compare" use="required">
105         <xsd:simpleType>
106           <xsd:restriction base="xs:string">
107             <xsd:enumeration value="EQ"/>
108             <xsd:enumeration value="GE"/>
109             <xsd:enumeration value="LE"/>
110             <xsd:enumeration value="GE"/>
111             <xsd:enumeration value="LT"/>
112             <xsd:enumeration value="GT"/>
113             <xsd:enumeration value="MAX"/>
114             <xsd:enumeration value="MIN"/>
115           </xsd:restriction>
116         </xsd:simpleType>
117        </xsd:attribute>
118        <xsd:attribute name="types" use="required">
119         <xsd:simpleType>
120           <xsd:restriction base="xs:string">
121             <xsd:enumeration value="numAttrType"/>
122             <xsd:enumeration value="strAttrType"/>
123           </xsd:restriction>
124         </xsd:simpleType>
125        </xsd:attribute>
126      </xsd:complexType>
127    </xsd:element>
128  </xsd:schema>
```

用户资源列表说明

```
1   <?xml version="1.0" encoding="UTF-8"?>
2   <xsd:schema xmlns:xsd="http://www.w3.org/2001/XMLSchema"
3    xmlns:tns= "http://mice.lzu.edu.cn/ADIFSchema/1.0"
4    targetNamespace="http://mice.lzu.edu.cn/ADIFSchema/1.0"
5    elementFormDefault="qualified">
6    <xsd:element name="resourceList">
7     <xsd:complexType>
8      <xsd:sequence>
9       <xsd:element name="name" use="required" type="xsd:string"/>
10      <xsd:element ref="classification" minOccurs="1" maxOccurs=
        "unbounded"/>
11     </xsd:sequence>
12    </xsd:complexType>
13   </xsd:element>
14   <xsd:element name="classification">
15    <xsd:complexType>
16     <xsd:sequence>
17      <xsd:element name="name" use="required" type="xsd:string"/>
18      <xsd:element ref="resource" minOccurs="0" maxOccurs="unbounded"/>
19     </xsd:sequence>
20    </xsd:complexType>
21   </xsd:element>
22   <xsd:element name="resource" type="xsd:string">
23    <xsd:complexType>
24     <xsd:sequence>
25      <xsd:element name="name" use="required" type="xsd:string"/>
26      <xsd:element name="version" use="required" type="xsd:string"/>
27      <xsd:element name="location" use="required" type="xsd:string"/>
28     </xsd:sequence>
29    </xsd:complexType>
30   </xsd:element>
31 </xsd:schema>
```

WorkflowDefinition.xsd 的
一个非正式例子

```
1   <xsd:schema xmlns:xsd=http://www.w3.org/2001/XMLSchema
2    xmlns:tns= http://grid.lzu.edu.cn/ADIF-WFM/1.0"
3    targetNamespace="http://grid.lzu.edu.cn/ADIF-WFM/1.0"
4    elementFormDefault="qualified">
5    <xs:element name="RequirementDefinition">
6     <xs:annotation>
7      <xs:documentation>Comment describing your root element</xs:
       documentation>
8     </xs:annotation>
9     <xs:complexType>
10     <xs:sequence>
11      <xs:element name="ResourceDescription">
12       <xs:complexType>
13        <xs:all>
14         <xs:element name="CandidateHosts" minOccurs="0">
15          <xs:complexType>
16           <xs:sequence>
17            <xs:element name="HostIP" maxOccurs="unbounded"/>
18           </xs:sequence>
19          </xs:complexType>
20         </xs:element>
21         <xs:element name="DiskTotal"  minOccurs="0"/>
22         <xs:element name="DiskFree" type="RangeValueType"
            minOccurs="0"/>
23         <xs:element name="CPUNumber" type="RangeValueType"
            minOccurs="0"/>
24         <xs:element name="CPUSpeed" type="RangeValueType"
```

```
                      minOccurs="0"/>
25         <xs:element name="CPUIdle" type="RangeValueType"
                      minOccurs="0"/>
26         <xs:element name="MemoryTotal" type="RangeValueType"
                      minOccurs="0"/>
27         <xs:element name="MemoryFree" type="RangeValueType"
                      minOccurs="0"/>
28         <xs:element name="OperationSystemType"
29            type="OperatingSystemTypeEnumeration" minOccurs="0"/>
30         <xs:element name="OperationSystemVersion" type="xs:string"
                      minOccurs="0"/>
31         <xs:element name="MachineType" type="MachineTypeEnumeration"
                      minOccurs="0"/>
32         <xs:element name="BandWidth" type="RangeValueType"
                      minOccurs="0"/>
33         <xs:element name="ProcessTotal" type="RangeValueType"
                      minOccurs="0"/>
34         <xs:element name="ProcessRun" type="RangeValueType"
                      minOccurs="0"/>
35       </xs:all>
36     </xs:complexType>
37   </xs:element>
38   <xs:element name="ServiceDescription">
39     <xs:complexType>
40       <xs:all>
41         <xs:element name="AverageExecuteTime" type="RangeValueType"
                      minOccurs="0"/>
42         <xs:element name="MaxExecuteTime" type="RangeValueType"
                      minOccurs="0"/>
43         <xs:element name="SuccessRatio" type="RangeValueType"
                      minOccurs="0"/>
44         <xs:element name="FailureRatio" type="RangeValueType"
                      minOccurs="0"/>
45       </xs:all>
46     </xs:complexType>
47   </xs:element>
48   <xs:element name="ControlDescription">
49     <xs:complexType>
50       <xs:all>
```

```
51        <xs:element name="StartTime" type="startTimeType"
          minOccurs="0"/>
52        <xs:element name="FaultHandler" type="FaultHandlerEnumeration"
          minOccurs="0"/>
53      </xs:all>
54     </xs:complexType>
55    </xs:element>
56   </xs:sequence>
57  </xs:complexType>
58 </xs:element>
59 <xs:complexType name="RangeValueType">
60  <xs:sequence>
61   <xs:element name="UpperRange" type="xs:double" minOccurs="0"/>
62   <xs:element name="LowerRange" type="xs:double" minOccurs="0"/>
63   <xs:element name="Exact" type="xs:double" minOccurs="0"/>
64  </xs:sequence>
65 </xs:complexType>
66 <xs:complexType name="startTimeType">
67  <xs:simpleContent>
68   <xs:extension base="xs:int">
69    <xs:attribute name="unit" type="xs:double" use="optional"/>
70   </xs:extension>
71  </xs:simpleContent>
72 </xs:complexType>
73 <xs:simpleType name="MachineTypeEnumeration">
74  <xs:restriction base="xs:string">
75   <xs:enumeration value="sparc"/>
76   <xs:enumeration value="powerpc"/>
77   <xs:enumeration value="x86"/>
78   <xs:enumeration value="x86_32"/>
79   <xs:enumeration value="x86_64"/>
80   <xs:enumeration value="parisc"/>
81   <xs:enumeration value="mips"/>
82   <xs:enumeration value="ia64"/>
83   <xs:enumeration value="arm"/>
84   <xs:enumeration value="other"/>
85  </xs:restriction>
86 </xs:simpleType>
87 <xs:simpleType name="OperatingSystemTypeEnumeration">
```

```
88        <xs:restriction base="xs:string">
89         <xs:enumeration value="Unknown"/>
90         <xs:enumeration value="MACOS"/>
91         <xs:enumeration value="ATTUNIX"/>
92         <xs:enumeration value="DGUX"/>
93         <xs:enumeration value="DECNT"/>
94         <xs:enumeration value="Tru64_UNIX"/>
95         <xs:enumeration value="OpenVMS"/>
96         <xs:enumeration value="HPUX"/>
97         <xs:enumeration value="AIX"/>
98         <xs:enumeration value="MVS"/>
99         <xs:enumeration value="OS400"/>
100            <xs:enumeration value="OS_2"/>
101            <xs:enumeration value="JavaVM"/>
102            <xs:enumeration value="MSDOS"/>
103            <xs:enumeration value="WIN3x"/>
104            <xs:enumeration value="WIN95"/>
105            <xs:enumeration value="WIN98"/>
106            <xs:enumeration value="WINNT"/>
107            <xs:enumeration value="WINCE"/>
108            <xs:enumeration value="NCR3000"/>
109            <xs:enumeration value="NetWare"/>
110            <xs:enumeration value="OSF"/>
111            <xs:enumeration value="DC_OS"/>
112            <xs:enumeration value="Reliant_UNIX"/>
113            <xs:enumeration value="SCO_UnixWare"/>
114            <xs:enumeration value="SCO_OpenServer"/>
115            <xs:enumeration value="Sequent"/>
116            <xs:enumeration value="IRIX"/>
117            <xs:enumeration value="Solaris"/>
118            <xs:enumeration value="SunOS"/>
119            <xs:enumeration value="U6000"/>
120            <xs:enumeration value="ASERIES"/>
121            <xs:enumeration value="TandemNSK"/>
122            <xs:enumeration value="TandemNT"/>
123            <xs:enumeration value="BS2000"/>
124            <xs:enumeration value="LINUX"/>
125            <xs:enumeration value="Lynx"/>
126            <xs:enumeration value="XENIX"/>
127            <xs:enumeration value="VM"/>
```

```
128        <xs:enumeration value="Interactive_UNIX"/>
129        <xs:enumeration value="BSDUNIX"/>
130        <xs:enumeration value="FreeBSD"/>
131        <xs:enumeration value="NetBSD"/>
132        <xs:enumeration value="GNU_Hurd"/>
133        <xs:enumeration value="OS9"/>
134        <xs:enumeration value="MACH_Kernel"/>
135        <xs:enumeration value="Inferno"/>
136        <xs:enumeration value="QNX"/>
137        <xs:enumeration value="EPOC"/>
138        <xs:enumeration value="IxWorks"/>
139        <xs:enumeration value="VxWorks"/>
140        <xs:enumeration value="MiNT"/>
141        <xs:enumeration value="BeOS"/>
142        <xs:enumeration value="HP_MPE"/>
143        <xs:enumeration value="NextStep"/>
144        <xs:enumeration value="PalmPilot"/>
145        <xs:enumeration value="Rhapsody"/>
146        <xs:enumeration value="Windows_2000"/>
147        <xs:enumeration value="Dedicated"/>
148        <xs:enumeration value="OS_390"/>
149        <xs:enumeration value="VSE"/>
150        <xs:enumeration value="TPF"/>
151        <xs:enumeration value="Windows_R_Me"/>
152        <xs:enumeration value="Caldera_Open_UNIX"/>
153        <xs:enumeration value="OpenBSD"/>
154        <xs:enumeration value="Not_Applicable"/>
155        <xs:enumeration value="Windows_XP"/>
156        <xs:enumeration value="z_OS"/>
157        <xs:enumeration value="other"/>
158      </xs:restriction>
159    </xs:simpleType>
160    <xs:simpleType name="FaultHandlerEnumeration">
161      <xs:restriction base="xs:string">
162        <xs:enumeration value="overlook"/>
163        <xs:enumeration value="repeated"/>
164        <xs:enumeration value="return"/>
165      </xs:restriction>
166    </xs:simpleType>
167  </xs:schema>
```

资源订阅部署清单的具体架构

```
1   <?xml version="1.0" encoding="UTF-8" standalone="yes"?>
2   <xs:schema xmlns:xs="http://www.w3.org/2001/XMLSchema"
3    xmlns="http://grid.lzu.edu.cn/ADIF_ NotificationM/1.0"
4    targetNamespace="http://grid.lzu.edu.cn/ADIF_ notificationN /1.0"
5    elementFormDefault="qualified">
6   <xs:element name="Subscription">
7    <xs:complexType>
8     <xs:sequence>
9      <xs:element ref="import" minOccurs="1" maxOccurs="1"/>
10     <xs:element ref="operation" minOccurs="1" maxOccurs="1"/>
11    </xs:sequence>
12   </xs:complexType>
13  </xs:element>
14  <xs:element name="import" type="xs:string"/>
15  <xs:element name="address" type="xs:string"/>
16  <xs:element name="message">
17   <xs:complexType>
18    <xs:sequence>
19     <xs:element ref="service" minOccurs="1" maxOccurs="unbounded"/>
20    </xs:sequence>
21   </xs:complexType>
22  </xs:element>
23  <xs:element name="name" type="xs:string"/>
24  <xs:element name="operation">
25   <xs:complexType>
26    <xs:sequence>
27     <xs:element ref="userName"/>
28     <xs:element ref="message"/>
29    </xs:sequence>
```

```
30        <xs:attribute name="name" use="required">
31          <xs:simpleType>
32            <xs:restriction base="xs:string">
33              <xs:enumeration value="subscribe"/>
34              <xs:enumeration value="unsubscribe"/>
35            </xs:restriction>
36          </xs:simpleType>
37        </xs:attribute>
38      </xs:complexType>
39    </xs:element>
40    <xs:element name="service">
41      <xs:complexType>
42        <xs:sequence>
43          <xs:element ref="address"/>
44          <xs:element ref="name"/>
45        </xs:sequence>
46        <xs:attribute name="type" use="required">
47          <xs:simpleType>
48            <xs:restriction base="xs:string">
49              <xs:enumeration value="atomic Service"/>
50              <xs:enumeration value="workflow Service"/>
51              <xs:enumeration value="web Service"/>
52              <xs:enumeration value="GRS Service"/>
53              <xs:enumeration value="WSRF Service"/>
54            </xs:restriction>
55          </xs:simpleType>
56        </xs:attribute>
57      </xs:complexType>
58    </xs:element>
59    <xs:element name="userName" type="xs:string"/>
60  </xs:schema>
```

通知清单的具体架构

```
1   <?xml version="1.0" encoding="UTF-8" standalone="yes"?>
2   <xs:schema xmlns:xs="http://www.w3.org/2001/XMLSchema"
3    xmlns="http://grid.lzu.edu.cn/ADIF_ NotificationM/1.0"
4    targetNamespace="http://grid.lzu.edu.cn/ADIF_ NotificationM/1.0"
5    elementFormDefault="qualified">
6    <xs:element name="Notification">
7     <xs:complexType>
8      <xs:sequence>
9       <xs:element ref="import"/>
10      <xs:element ref="notify"/>
11     </xs:sequence>
12    </xs:complexType>
13   </xs:element>
14   <xs:element name="import" type="xs:string"/>
15   <xs:element name="address" type="xs:string"/>
16   <xs:element name="description" type="xs:string"/>
17   <xs:element name="errorId">
18    <xs:simpleType>
19     <xs:restriction base="xs:string">
20      <xs:enumeration value="001"/>
21      <xs:enumeration value="002"/>
22      <xs:enumeration value="003"/>
23      <xs:enumeration value="004"/>
24     </xs:restriction>
25    </xs:simpleType>
26   </xs:element>
27   <xs:element name="happenTime" type="xs:date"/>
28   <xs:element name="message">
29    <xs:complexType>
```

```
30      <xs:sequence>
31       <xs:element ref="service"/>
32       <xs:element ref="happenTime"/>
33       <xs:element ref="description"/>
34       <xs:element ref="errorId"/>
35      </xs:sequence>
36      <xs:attribute name="type" use="required">
37       <xs:simpleType>
38        <xs:restriction base="xs:string">
39         <xs:enumeration value="resume"/>
40         <xs:enumeration value="unavailable"/>
41         <xs:enumeration value="new"/>
42        </xs:restriction>
43       </xs:simpleType>
44      </xs:attribute>
45     </xs:complexType>
46    </xs:element>
47    <xs:element name="name" type="xs:string"/>
48    <xs:element name="notify">
49     <xs:complexType>
50      <xs:sequence>
51       <xs:element ref="userName"/>
52       <xs:element ref="message" minOccurs="1" maxOccurs="unbounded"/>
53      </xs:sequence>
54     </xs:complexType>
55    </xs:element>
56    <xs:element name="service">
57     <xs:complexType>
58      <xs:sequence>
59       <xs:element ref="address"/>
60       <xs:element ref="name"/>
61      </xs:sequence>
62      <xs:attribute name="type" use="required">
63       <xs:simpleType>
64        <xs:restriction base="xs:string">
65         <xs:enumeration value="atomic Service"/>
66         <xs:enumeration value="workflow Service"/>
67         <xs:enumeration value="web Service"/>
68         <xs:enumeration value="GRS Service"/>
```

```
69              <xs:enumeration value="WSRF Service"/>
70          </xs:restriction>
71        </xs:simpleType>
72      </xs:attribute>
73    </xs:complexType>
74  </xs:element>
75  <xs:element name="userName" type="xs:string"/>
76 </xs:schema>
```